水体污染控制与治理科技重大专项"十三五"成果系列丛书

京津冀区域水污染控制与治理成套技术综合调控示范

天津市滨海新区环境监测中心/编著

滨海工业带水污染事故应急处置平台建设及预警响应技术应用手册

中国环境出版集团·北京

图书在版编目（CIP）数据

滨海工业带水污染事故应急处置平台建设及预警响应技术应用手册/天津市滨海新区环境监测中心编著. —北京：中国环境出版集团，2020.6

ISBN 978-7-5111-4341-9

Ⅰ. ①滨… Ⅱ. ①天… Ⅲ. ①水污染—突发事件—污染控制—应急对策—滨海新区—手册 Ⅳ. ①X520.7-62

中国版本图书馆 CIP 数据核字（2020）第 080521 号

出 版 人 武德凯
责任编辑 殷玉婷
责任校对 任 丽
封面设计 宋 瑞

出版发行 中国环境出版集团
　　　　　（100062 北京市东城区广渠门内大街 16 号）
　　　　　网　　址：http://www.cesp.com.cn
　　　　　电子邮箱：bjgl@cesp.com.cn
　　　　　联系电话：010-67112765（编辑管理部）
　　　　　发行热线：010-67125803，010-67113405（传真）
印　　刷 北京建宏印刷有限公司
经　　销 各地新华书店
版　　次 2020 年 6 月第 1 版
印　　次 2020 年 6 月第 1 次印刷
开　　本 787×1092　1/16
印　　张 7
字　　数 120 千字
定　　价 30.00 元

承 担 单 位：天津市滨海新区环境监测中心

编委会成员

资料提供单位

天津市滨海新区生态环境局

中国环境科学研究院

天津市环境保护技术开发中心

河北工业大学

序言

　　天津滨海工业带作为京津冀一体化制造业的承接地，具有人口多、路网发达、污染排放量大、风险源密集、石化和化工产业集聚、河网密布等特点。为解决滨海工业带产业发展潜在环境风险高、水环境突发事故应急监管处置能力不足的问题，2017 年 1 月，天津市滨海新区环境监测中心联合中国环境科学研究院承接了生态环境部"水污染控制与治理科技重大专项"课题中课题五的子课题六"水污染事故应急防控管理体系建立及园区应急处置平台示范"的研究任务，于 2019 年底完成"滨海工业带水污染事故应急处置平台"（以下简称"平台"）的建设工作。为充分发挥平台的示范作用，中心组织应急管理及预警响应经验丰富的研究成员和平台建设者认真完成了《滨海工业带水污染事故应急处置平台建设及预警响应技术应用手册》的编写工作。

　　本书分为技术篇和应用篇，其中技术篇介绍了水污染事故应急处置平台的建设内容和主要技术功能，为构建水环境风险应急监管及预警响应体系提供了整体框架设计思路；应用篇主要介绍了平台应用于水污染事故中的具体操作流程和常见污染物处置方法。本书与子课题另一研究成果《滨海工业带水污染事故应急处置平台建设及预警响应技术指南》互为补充，可作为区域、工业园区水污染事故风险管控平台设计、建设、运行的有力指导，为全国类似水污染事故应急防控建设提供借鉴。

在编写过程中，本书得到了天津市生态环境保护系统专家的技术指导，得到了天津市滨海新区生态环境局的大力支持以及水体污染控制与治理科技重大专项"天津滨海工业带废水污染控制与生态修复综合示范"项目"水环境风险应急监管体系与应急设备研发与示范"课题（2017ZX07107-005）的资助，在此向全体编写人员表示深深的感谢！由于突发水污染事故应急响应及预警技术处于快速发展过程中，限于编者水平和时间仓促，书中难免有疏漏和不足之处，恳请广大读者批评指正。

全体编写人员

2020 年 4 月于天津

前言

　　当前，互联网+、生态环境大数据应用于环境信息化建设，已经成为提升水污染事故应急防控管理系统化、科学化、精细化和信息化水平的重要方法，是技术创新驱动下环境管理发展的新业态。水污染事故应急响应处置是一个多目标、多方法、信息融合的分析决策系统，预警、应急监测、指挥、调度、处置等工作有机统一，现代化多学科的先进技术高度集成，因此需要建立统一的数据网络平台，集成海量数据资源，统一标准、统一调度，避免多头建设，达到多部门协调联动、信息资源交互共享、提升水环境事故风险防范和指挥把控能力的目标。

目录

/ 应 用 篇 /

建　设　篇

第1章

滨海工业带水污染事故应急处置平台建设详解

天津滨海工业带位于天津滨海新区，濒临渤海，地处环渤海经济带和京津冀城市群的交汇点，具有开发开放优势明显、产业配套齐全、自然资源和科技资源丰富等多重优势。目前，滨海工业带已形成集石油和天然气开采、石油化工、生物医药、化学原料及化学产品制造、仓储、物流于一体的化工产业密集区，与此同时，环境污染特别是水污染事故潜在风险随产业规模扩大而不断累积。为提升天津滨海工业带水环境应急响应处置能力，2017 年年底，滨海新区环境监管部门开展了"滨海工业带水污染事故应急处置平台"（以下简称平台）的建设工作。该平台深度整合自动监控数据、人工监测数据、区域风险源、敏感受体及监测系统人员、仪器等信息资源，统一存储、统一共享、统一指挥，形成了应急监控—预警—响应机制，实现了部门间协同与统筹决策，使数据资源增值并得以高效利用，全面提升了水污染事故预警把控能力及处置速度，使滨海工业带环境监管和风险防范能力得以进一步提升。

1.1 平台概况

"天津滨海工业带水污染事故应急处置平台"是"十三五"国家水体污染控制与治理科技重大水专项"天津滨海工业带废水污染控制与生态修复综合示范"项目（2017ZX07107）

第五课题"水环境风险应急监管体系与应急设备研发与示范"（2017ZX07107-005）的子课题标志化成果。

平台设计遵循"集成化、前瞻性、致用性、安全性"的原则，以提升天津滨海工业带水环境风险应急处置能力为目标，立足于统一的数据中心和底层框架，结合新的应用系统设计和网络安全体系，解决多源异构数据的集成和共享问题，形成"应急监测—预警—响应"机制并集中展示，为天津市水环境风险应急监管处置及滨海工业带的可持续发展提供有力保障。

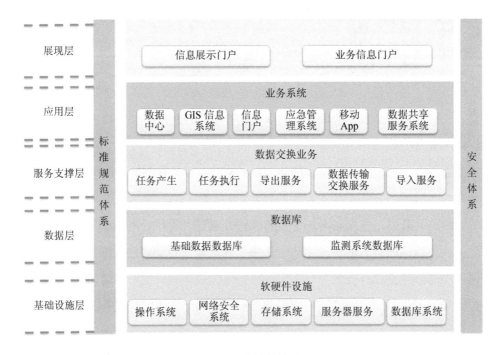

图 1-1　总体架构图

平台涵盖滨海工业带典型园区环境风险源、数据库（企业基础信息库、化学品库、应急监测人员库、应急专家库、监测方法库、标准库、应急物资库、处置方法库、应急预案库等）及可视化系统、污染源监测预警系统、地表水监测预警系统、环境监测预警GIS 系统和监测预警应急管理系统等；整体架构分为 3 个层次、2 个客户端：底层为基础数据库和预警系统数据库，第二层为数据交换服务层，第三层为应用层，主要基于滨海新区环境监测网络和 GIS 地图系统而构建的支持应急响应处置全过程的体系；客户端已开发电脑版、手机版 2 个版本（具体见图 1-1）。

平台可实现与现场人员手机 App、应急指挥车的实时连接。监测数据上传、附近污染源信息查询、处置方案、预测评估及报告生成均可根据指挥中心需求即时实现，达到集风险监控、数据收集传输、监测分析、应急决策、指挥调度、风险监控、事故快速处置等"查—控—处"环节于一体的目的。该平台由天津市滨海新区环境监测中心承担建设，参与单位为中国环境科学研究院。

1.2 平台顶层设计思路及总体架构

1.2.1 平台顶层设计思路

平台顶层设计思路为：在基础设施层软硬件设施的基础上建立一个数据中心、一个可开发的框架、7 个应用子系统并用一张 GIS 图展示：

一个全面的数据中心：建立了标准统一的一站式数据中心，用于数据收集、标准统一、数据校验、数据共享、分析以及基础信息查询等。

一个底层框架：将不同子系统整合，使平台开放自由度增大，主要用于管理权限的验证、模块发送请求和展示、模块间的信息传递。

7 个应用子系统：在统一标准的系统框架基础上，建立数据中心、环境监测预警处置 GIS 信息系统、监测预警应急管理系统、污染源监测预警系统、地表水监测预警系统、应急监测预警移动 App、数据共享服务系统。通过子系统协同交互，实现污染溯源、应急监测、预警评估、指挥决策、应急处置、事后评估等功能，为水污染事故应急响应各步骤的顺利开展及常态监控提供技术支撑。

一张图：所有应用系统均可在 GIS 图上实现数据信息的集中展示和分析,便于决策。依靠统计评价报表，以时间、空间、项目、监测数据等作为分析变量，进行图形分析对比，通过统计直方图、柱形图、圆饼图及专题图等形式直观地输出显示，并可直接导出 Excel 编辑。

1.2.2 平台逻辑结构关系

平台各个应用子系统和已有的业务应用系统通过数据中心和底层框架实现数据共享和业务协同，通过 GIS 平台实现各类业务信息的集中分析、展示和发布。各应用子系统的关联关系说明见图 1-2。

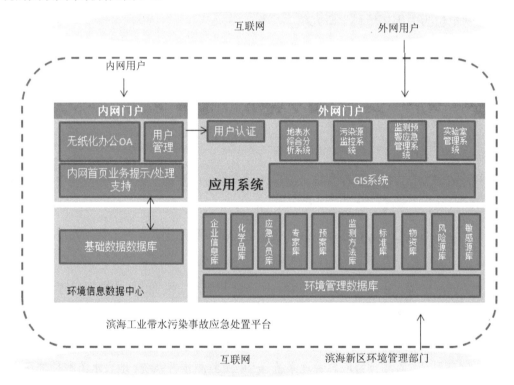

图 1-2　平台逻辑架构

应用子系统关联实现方式：在数据中心基础上形成综合信息库，统一管理、使用滨海新区环境监测信息数据，为业务应用系统的数据共享和系统协同提供支撑。一方面，数据中心平台规定统一的数据标准，各个应用子系统的数据结构均按照统一标准设计，从源头上保证数据交互的可行性；另一方面，数据中心是各个应用子系统的数据集散地。各个应用子系统产生的数据存储在数据中心，需要调用其他应用子系统数据时，也可以从数据中心获得。所以，各个应用子系统之间的关联关系是以数据中心和底层框架为枢纽来实现的。

应用子系统逻辑架构：平台总体建设的核心是将各应用子系统贯穿于整个应急响应流程中，进而提供强大的应急防控管理和信息服务能力。平台建设的 7 个应用子系统，覆盖综合分析、应急管理、在线监测、移动办公、数据应用等。各应用子系统分别实现各自的功能，再通过数据共享和协同，实现综合性的应急管理处置功能，为核心应急响应处置工作提供信息化支撑，见图 1-3。

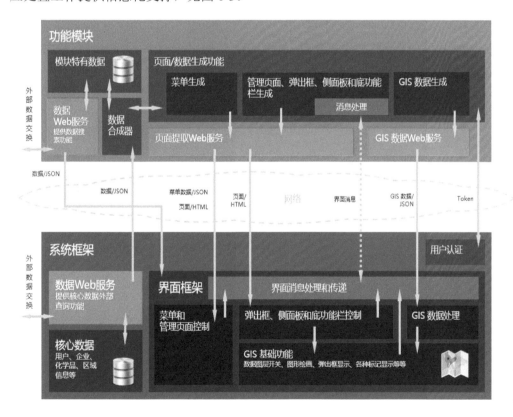

图 1-3　应用功能模块架构

1.2.3 应用子系统数据信息交互共享

在应用子系统建设过程中，平台预留了标准化接口，以便与未来建设的应用子系统或其他政务平台系统进行数据交换共享和业务协同，实现系统平滑升级。同时，应用子系统通过应用集成门户实现统一的身份认证和管理，由统一门户提供访问入口，实现应用系统的"一次登录、全网访问"，支持应急工作人员进行任务处理，支持相关单位进行信息查询和互动交流。

1.2.4 网络体系架构设计

网络体系架构设计主要包括平台局域网基础网络拓扑规划和网络设备选型、互联网接入和 VPN 接入、IT 硬件部署和选型、互联网技术信息化基础软件系统规划和选型等。平台网络核心层采用了冗余节点和冗余线路的拓扑结构，见图 1-4。

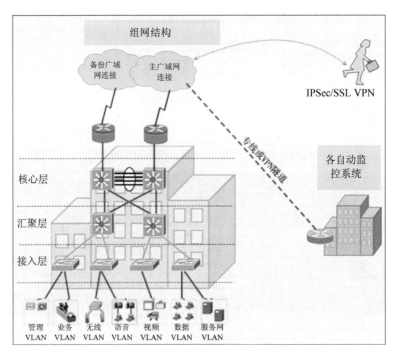

图 1-4 网络体系架构

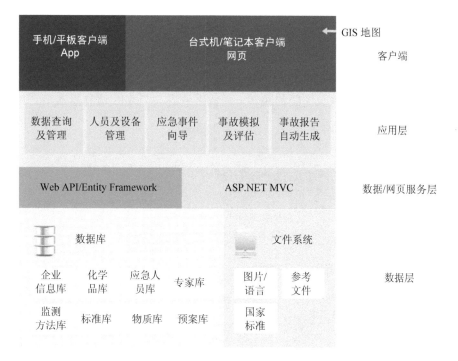

图 1-5　应急处置平台层级功能

　　平台功能设计遵循水污染事故的特征，以电子地图为基础，能随时随地对现场进行实时访问。从横向功能上分析，平台能够实现查询、应急向导、预测、评估、报告等功能，同时通过风险源库、敏感源库、化学品库、应急监测人员库、应急专家库、应急物资库、处置方法库、监测方法库和应急案例库等数据库，实现对污染事故"查—控—处"于一体的应急指挥调度作用。平台应急响应处置以污染事故发展为主线，以污染物为核心，以应急监测向导为纽带，实现了各项功能集成化、运作高效化、服务智能化，见图 1-5。

1.2.5　分离式底层框架

　　分离式底层框架可以分别部署和安装。任何功能可按框架通信要求设计，利用可插用的开发模式，支持多家供应商的诸多技术在统一框架上实现集成。

　　为了实现底层框架与具体模块的分离，底层框架以同一 GIS 系统为核心，只需要管理如权限的验证、模块发送的请求或展示的传递、模块间消息的中间传递等核心数据，其他数据可分散在各模块子系统中。各个模块功能可以独立开发、独立部署，只需按约定规则传递信息给底层框架，系统就可以将其传递到相应模块处理。模块信息均在 GIS 界面区域内显示，从而减少页面间的跳转，使数据兼容并与 GIS 信息紧密结合。开发和运作网络拓扑图如图 1-6 所示。

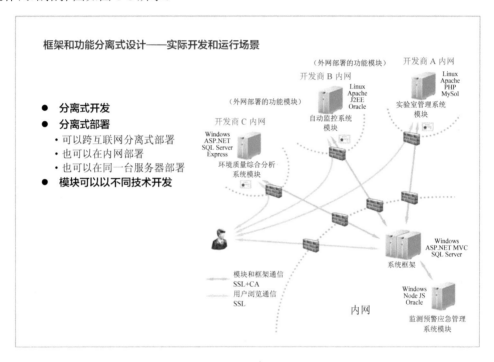

图 1-6　分离式设计网络拓扑图

平台框架包含核心数据库框架和界面框架。核心数据库框架包含横跨多个功能模块的数据：企业信息、化学品库、标准方法库、应急专家库等。界面框架是基于 GIS 地理地图信息展示的基本功能，结合业务数据在地图上展现，使信息更具体、直观，主界面由界面框架控制，而具体业务内容页面由各业务功能模块分别接入和控制。框架的界面提供了模块管理功能，管理员可以通过界面进行添加、删除、暂停使用和调整模块排列次序等操作。

底层框架设计布局主要分 5 个区域，分别为顶端标题栏、左边菜单及功能栏、底端控制及时间轴，右端可堆放设计并显示内容，中间为弹出显示框及内容处理区域，均在一张 GIS 地图层上展示。

1.3　平台建设流程

1.3.1　建设流程

按照总体框架设计和应用子系统功能要求，可分五个阶段开展平台具体建设工作。

第一阶段：开展平台综合信息网络系统顶层设计，形成实施方案并通过专家论证，明确了平台开发主要采用的技术路线（J2EE 技术、SOA 架构、组件开发技术、OSGi 技术、WebService 技术），不同软件供应商得以开发各自子系统且与平台架构高内聚、低耦合。

第二阶段：确定平台系统的开发单位，将不同应用子系统、数据中心、移动 App、应急监测车的查询、统计、分析等功能集成一体，统一管理、展示。

第三阶段：完成外围模块（如地表水监测预警系统、污染源监测预警系统）自动监控站软硬件建设，开展自动监控数据与人工监测数据的比对测试并联网验收以及视频监控、自动监控数据对接平台等工作。完成各类站点基础信息和 GIS 准确定位的统计工作。

第四阶段：遵循"开放性、可扩展性、互联性、安全性"的原则完成软硬件设备选型，整理平台建设的软硬件清单，完成平台建设设计报告，对平台工程建设做总体规划，明确各子系统及数据库服务器所处的位置和功能。

第五阶段：开展实质建设工作。承担单位对楼体进行电力增容、线路、网络、消防等综合改造，搭建平台网络及服务器机房并安装设备。完成应急监测车、环境应急监测仪器、GPS 定位系统、车载视频传输系统、人员防护及对讲系统等设备采购。各数据库、软件与平台端口对接，开展平台软件评测，进行总体调试、应急演练，从中发现问题并做进一步优化。

1.3.2 软硬件选型遵循的原则

1.3.2.1 软件选型原则

软件选型应考虑：开放性，多源异构数据集成能力，安全服务的支持能力，应用软件的支持能力，网络管理能力，性能优化和监视能力，系统备份/恢复支持能力等；同时，系统成熟度应较高，具备较强的扩展性，可以随着应用深入增加新功能和新应用。

1.3.2.2 硬件选型原则

硬件选型应考虑：系统的开放性，系统的可扩展性，互联性，应用软件的支持能力，系统的性价比，生产厂商的技术支持，操作便捷性，维护成本低，技术成熟度高，远程管理便捷性，容错性及性能配置较高；能实现故障预处理、性能监控和安全管理等。

1.3.2.3 软硬件运行环境要求

①软件架构应为 B/S 架构，客户端无须安装软件即可正常使用，减少系统维护的工作量。

②系统应采用多层体系结构，易于升级和扩展。

③系统应集成先进的 HTML5 技术，提高系统可用性和兼容性，支持常用的浏览器。

表 1-1　运行环境要求

运行环境	设备	指标要求
硬件环境	网卡	千兆网卡×2
	CPU	Intel E5-2620 v3×2 及以上
	内存	16GB ECC 内存条以上支持双通道
	硬盘	SAS 硬盘 2T 以上，支持 raid1
软件环境	操作系统	Windows Server 2012 R2 及以上版本
	数据库	Oracle11g、SQL Server2014

1.3.3 软硬件清单（部分）

1.3.3.1 应急支持系统及监测采样设备统计

应急支持系统及监测采样设备明细见表 1-2。

表 1-2 应急支持系统及监测采样设备明细表

序号	仪器设备	数量/台（套）
1	应急监测现场调查采样车	2
2	环境监测预警 GIS 信息系统、预测模型开发	1
3	监测预警应急管理系统开发	1
4	重点污染源、危险源、危险品信息库	1
5	危险品毒理及处置信息库	1
6	应急专家库	1
7	便携式多参数水质检测仪	1
8	便携式水流流量计	1
9	采样设备	—
10	人员防护设备、便携式洗消设备	—
11	数据采集器、导航设备等	—
12	便携式防水型 pH 计、便携式风向风速仪、直流电源箱、激光测距仪、应急照明灯等	—
13	便携式多功能水质检测仪（含便携式紫外/可见分光光度计）	1
14	水质重金属分析仪	1
15	便携式油分测定仪	1
16	发光细菌毒性检测仪	1
17	车载气象系统	1
18	小型采样艇	1
19	无线车载对讲、GPS 定位系统、自组通信等信息传输设备	—
20	人员防护设备、便携式洗消设备	—
21	救护箱、灭火器、小天平、备品备件等	—

1.3.3.2　服务器机房及应用子系统设备统计

服务器机房及应用子系统软硬件设备见表 1-3，平台服务器机房及大屏幕展示见图 1-7。

表 1-3　服务器机房及应用子系统软硬件设备

序号	设备名称	功能描述及选型
1	路由器	与无线网络连接
2	三层交换机	核心交换，用于与市监测中心、外部数据来源连接
3	二层交换机	用于内外网络连接
4	服务器	用于 Web、域控制、应用、通信、数据库、安全、安防监控
5	统一威胁管理（UTM）	1 000 Mb，用于检测隐藏的威胁
6	服务器机柜	
7	交换机机柜	
8	UPS 备用电源	APC 备用电源
9	KVM 切换器	
10	笔记本电脑	用于服务器、网络监控室、现场应急指挥
11	内外网隔离设备	内外网物理隔离
12	VPN 设备	数据传输
13	70″IDB 交互显示屏	监测数据交互显示
14	操作系统	微软　WinSvrStd 2012 CHNS MVL 2Proc 开放式许可
15	数据库软件	微软 SQLSvrEntCore 2012 CHNS MVL 4Lic CoreLic 开放式许可
16	杀毒软件	趋势科技安全无忧软件 7.0
17	GIS 软件	ArcGIS 10.2 for Server Enterprise Standard
18	环境综合应用支撑平台	以业务导向、业务驱动和建模集成开发为核心，包含相关基础运行技术框架、运行维护、用户与权限管理等模块的应用集成平台
19	环境监测应急防控移动 App	对于污染源、地表水监管及应急响应处置的综合性 App
20	数据中心	数据中心资源管理，包括：元数据管理、信息资源目录管理、数据维护管理、数据接口、主题库管理、共享库管理、系统运行维护管理、数据更新管理、数据查询与向导服务；对环境、污染源数据进行综合分析、预测与决策支持

序号	设备名称	功能描述及选型
21	环境监测应急防控 GIS 信息系统	集环境数据信息空间查询、统计、叠加、路径分析、三维可视化等功能于一体的综合空间分析、模拟、评价、展示系统,为环境综合管理、决策、突发事件预警、应急指挥等提供服务
22	应急防控信息导航门户	包括信息发布、用户登录、相关网页跳转等
23	监测应急防控管理系统	数据库管理,包括:危险源管理、应急专家管理、应急监测人员管理、应急物资库管理、应急预案管理等;环境污染事故信息接报、事故响应处置、事故信息查询等
24	数据共享服务系统	数据共享服务,实现数据转换、数据适配、数据的初步校验功能
25	其他服务	设计、监理、勘察、管理、预备、铺底等

图 1-7 平台服务器机房及大屏幕展示

1.4 主要系统技术功能

1.4.1 监测预警应急管理系统

监测预警应急管理系统可以整合应急队伍、应急物资等信息,制定应急工作方案,监控应急关键节点,辅助开展应急指挥工作,确保应急指挥工作及时、科学、准确、有效地开展。

1.4.1.1　系统原理和意义

在底层框架的基础上，基于滨海新区环境监测网络和 GIS 地图平台，整合、集成基础地理、资源、应急、环境等数据，实现查询、向导、预测、评估、报告等功能，满足水环境突发事故应急指挥决策需求，实现应急监测和决策的集成化、科学化和智能化，为准确、快速实施应急监测提供技术支持。

该系统设计成电脑版和手机版两种。电脑版包含系统主要功能和各种信息的实时更新；手机版主要用于接收应急指挥命令、为现场处置提供技术支持、反馈现场监测信息并将结果传输到平台。

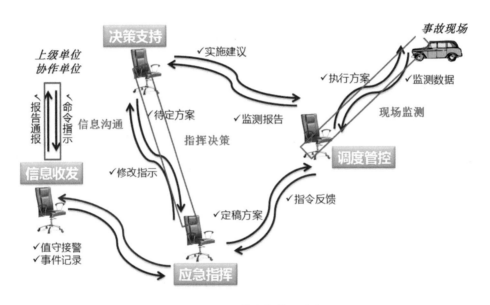

图 1-8　监测预警应急管理系统

1.4.1.2　系统功能介绍

在应急响应处置过程中，指挥人员和现场人员可通过该系统进行污染源查询，结合区域污染源企业信息库，初步确定污染源的位置及相关信息，或根据污染物的相关信息进行溯源分析；可对污染物理化性质、处置方法等信息进行查询；能根据感官特征对常见污染物反向模糊检索；能实时查询常见污染物现场快速监测方法和实验室经典方法；能对常见污染物进行国家标准、行业标准或美国国家环保局（EPA）等标准的查询；能对应急监测设备和人员情况（包括持证情况、值班周期等）进行查询和管理；对监测设备实施动态管理，保证应急设备始终处于良好状态。该系统能在现场实现应急监测仪器选择和应急监测程序向导功能；同时，结合专家意见在现场对事故发生的影响范围进行实时分析和预测；可全面展示现场视频、监测数据、分析图表等信息，及时、直观、形象地向指挥中心以及相关部门提供决策依据。具体功能见表1-4。

表1-4   监测预警应急管理系统功能表

功能类别	功能描述
查询功能	正向查询：对风险源库、化学品库、应急人员库、应急监测专家库、应急监测物资库、监测方法库、应急监测案例库等数据库中的相关信息进行查询。 反向查询：在相关数据库中对化学品进行反向模糊搜索功能
事故地点确认	界面添加事故地点，确认事故污染点位，围绕点位周边污染物及污染物信息；能快速查询周边风险源、敏感受体等信息
布点及方案生成	系统可以在GIS地图上借助扩散模型或者依据规范要求直接进行监测点位设置，污染因子和监测点位信息，也可依据事故信息随时做出调整，实时快速生成监测方案
数据上传	工作人员接收信息后，可在GIS地图界面进行监测信息及监测数据上传，可上传数据包括事故类型、事故污染因子、事故现场环境参数、事故现场监测数据等，在电脑端事故时间轴上可显示相关信息，并在GIS地图上直接显示监测数据结果
向导功能	科学指导决策，将现有的人员、设备以及各环节进行有机结合、统筹展开
预测功能	根据现场情况选择适用于污染物的扩散模型，并结合地理信息系统，对非正常排放情况进行预警；预测事故影响范围、影响程度，根据危险物浓度划分危险区域，同时显示该地区的相关信息
报告自动生成功能	依据应急监测的特点，自动生成PDF或Word版报告，为现场应急指挥提供决策依据

1.4.1.3 分类功能介绍

（1）应急预案

对各级应急预案的内容进行分类分级管理。结合天津滨海新区实际情况，将相关预案中的应急响应过程以流程图的形式表现出来；应急时可适时地调出资源调度表，以便合理分配应急资源，提高应急工作效率；将预案中需要完成的工作分解成为任务清单，实现人尽其责。

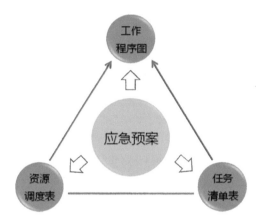

（2）风险源管理

结合风险源信息情况，关注风险源的日常管理和监测预警，充分体现"以防为主"的理念，并为战时的决策分析打下良好的基础。

（3）应急保障

应急保障对辖区现有应急机构、技术装备（如应急监测仪器）、应急物资、应急专家等资源及其分布区域进行普查，建立集通信、信息、指挥和调度于一体的应急资源信息中心。

（4）应急知识库

应急知识库包括法规标准、参考案例、监测方法、处置技术、化学品查询（如 MSDS）等。各类应急知识库可在事故现场与决策处置中起到智能分析引擎的作用。

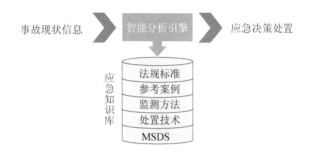

（5）监测预警

监测预警系统通过汇总来自地表水环境质量监测、水污染源监测、气象和水文观测参数以及视频监控等数据，统一进行分析并对超标超限情况进行报警。

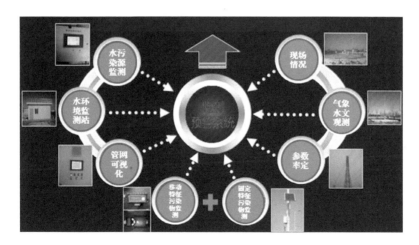

（6）应急监测

应急响应中可以首先利用智能分析引擎生成监测方案；结合 GIS 地图，布置监测点位；同时利用系统记录相关的监测信息和数据，使用系统分析功能对监测数据进行分析，为决策者提供依据；汇总相关监测信息还可以自动生成监测报告。

（7）决策反馈

利用应急方案、监测结果、监测报告、反馈信息、实时视频、现场照片等交互信息，及时全面地辅助现场决策的执行。

①调度管控：包括指令管理、现场情况反馈记录等功能。按照监测预警指挥的指令，负责录入各项指令的相关内容。

②车载平台：基于车载无线通信系统进行监测数据、事故现场处置情况、车载监控视频图像等传输工作；同时能够实现基于 GIS 的数据接收浏览、分析及指令上传下达等功能。

（8）信息沟通

有条不紊的信息沟通提高了工作效率，并将上下级之间、部门之间、政府机构之间连接成为有机的整体。信息沟通的内容包括命令反馈、报告通报等。

信息沟通的内容通过信息收发模块来进行记录，并自动存入事故档案中。

（9）事故归档

事故终止后，将完善的事前、事中、事后记录统一入库管理，使事故响应处置全过程有据可查。

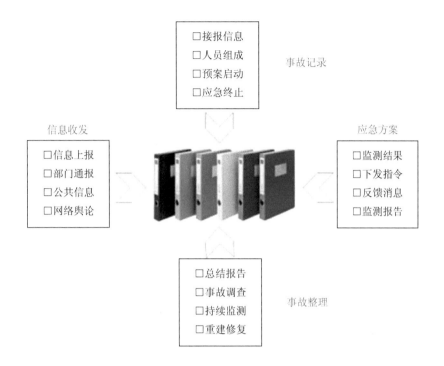

（10）事件管理

包括接警记录、响应记录以及善后处置等工作的归档整理功能。

1.4.2　环境监测预警 GIS 信息系统

环境监测预警 GIS 信息系统能够对特定空间中的有关地理分布数据进行采集、存储、管理、运算、分析和可视化表达，对已有空间和属性信息进行加工处理。这些特点使得它与环境监测结合更为有效，GIS 的引入使各种环境问题和环境过程的描述更加符合实际，友好的界面交互、方便的空间分析操作、直观生动的结果显示等都无疑促进了环境监测技术的发展。

1.4.2.1　系统原理和意义

该系统基于云计算平台，采用 B/S 结构，符合 GIS 集成、数据交换传输等标准规范，同时预留面向外部用户提供服务的系统接口，在实现环境管理数据可视化管理的基础上，通过整合天津滨海新区各业务系统的基础数据和信息，配合气象水文信息，为天津滨海新区环境应急管理、环境污染突发事件应急处置、环境污染物扩散分析预警、环境应急预案演练综合管理等提供有力支撑，确保在突发水污染事故发生后各类信息可准确展示并做综合分析，为指挥中心提供准确、直观、及时的决策支持。

1.4.2.2　系统目标

环境监测预警 GIS 信息系统通过对天津滨海新区人工监测数据和自动监控数据的实时获取与整合集成，实现为天津滨海新区环境监测信息提供科学、系统和可视化的分析，消除各子系统内部的业务和数据冗余，为应急预警提供科学、快速地决策依据，实现社会经济发展与环境效益的高度统一。

（1）数据整合

平台采用逐层展开的设计，以 GIS 地图为基础，将自动监测、人工监测、现场调查与实验室分析数据动态整合在平台中，实现各方数据联动、实时在平台及移动数据平台端访问、查询与更新，确保空间数据与属性数据的时效性，实现组织内部数据与服务的统一。

（2）查询分析

以 GIS 地图为基础，通过对时间、空间、项目、监测数据等的整合，实现对环境指标体系中地表水和污染源的实时动态数据查询、检索与分析，并以统计直方图、柱形图、圆饼图等形式直观地输出展示，为环境决策提供支持。

（3）监测预警

系统根据已整合的各平台动态数据，结合实时水文气象信息，对天津滨海新区环境应急管理、环境污染突发事件应急处置、污染物扩散分析及环境应急演练等提供预警信息和科学决策依据。

环境监测预警 GIS 信息系统总体架构示意如图 1-9 所示。

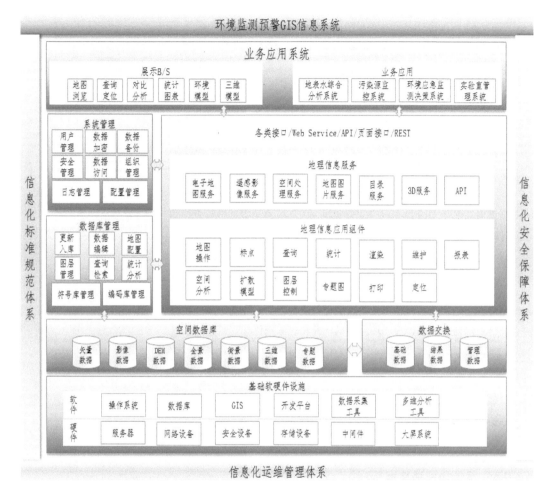

图1-9 天津滨海新区环境监测预警GIS信息系统总体架构示意

1.4.2.3 系统功能模块及描述

为了更直观地展示环境质量状况，环境监测预警GIS信息系统在统计评价报表分析的基础上，以时间、空间、项目、监测数据等为分析变量，以GIS为基础，以模型和函数为连接，进行图形分析与对比，且可直接输出至Excel编辑图形，对环境质量数据信息进行有序组织，着重于数据的分析、挖掘和更深层次的应用。

平台主要功能描述见表1-5。

表 1-5　平台主要功能

功能类别	功能描述
基础底图数据	基于 GIS 地图进行环境监测要素和地理要素的管理和数据展示
空间信息定位管理	基于 GIS 地图对环境监测空间要素进行定位管理，对区域、水系、水质自动监测系统、地表水监测断面等环境要素在空间上的分布特征等进行精确的定位管理和图形显示，各类要素可进行图层化展示
数据查询管理	基于 GIS 地图对空间位置相关的环境监测数据进行查询和分析，使数据和地图相关联，建立拓扑关系，可实现空间分析、查询，包括对环境质量、污染源各要素实时数据
数据预警或报警	当环境质量或污染源出现超标或达到预警值时，在地图上实现预警或报警，并短信通知相关工作人员
空间分析评价	对水质实时监测数据或历史监测数据的多种统计分析和综合评价，以统计图表、曲线等进行表征，说明环境质量状况和趋势变化
环境质量与污染源联动分析	当环境质量出现异常时，在 GIS 地图上结合水文气象等因素与污染源进行关联分析，实现溯源功能
区域展示	整体动态展示滨海新区水环境质量、功能区水环境质量状况及对区域环境评价结果

1.4.2.4　系统功能模块展示

（1）基础底图数据查询

平台操作界面右上角选项可实现在地图、卫星影像和街道等基础底图之间的切换浏览、查询（图 1-10）。

（2）空间信息定位管理

平台能够对街镇、水系、水质自动监控系统、地表水监测断面等环境要素在空间上的分布特征进行定位管理和图形显示，对各类要素实现图层化展示（图 1-11）。

图 1-10　工作区域基础底图

图 1-11　空间信息定位

（3）数据查询管理

平台可实现对业务数据和空间位置的关联查询、分析（图1-12），如环境质量、污染源监测和监控数据。

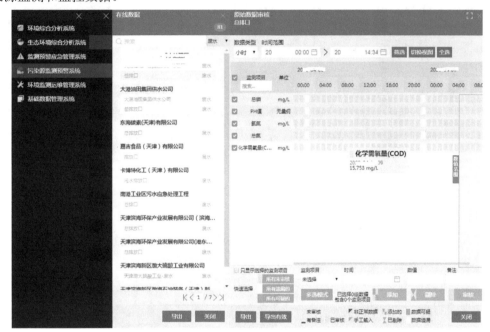

图 1-12　数据查询管理

（4）数据预警与报警

当环境质量或污染源出现超标或达到预警值时，平台操作界面能够及时显示预警或报警信息，并以短信形式通知相关工作人员（图1-13）。

（5）空间分析评价

平台可对水质实时监测数据或历史监测数据进行多种统计分析和综合评价，并以统计图表、曲线等形式展示，体现环境质量状况和趋势变化（图1-14）。

（6）环境质量与污染源的联动分析

当环境质量出现异常时，平台能够结合气象、水文等因素与污染源进行关联分析，实现溯源功能（图1-15）。

图 1-13　平台预警与报警

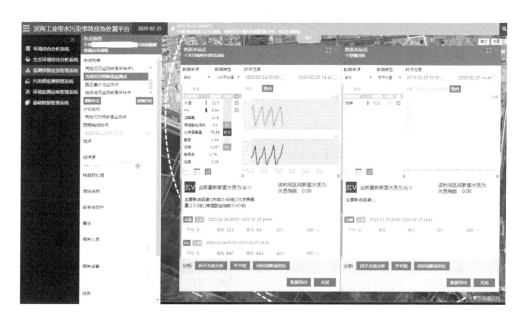

图 1-14　空间分析

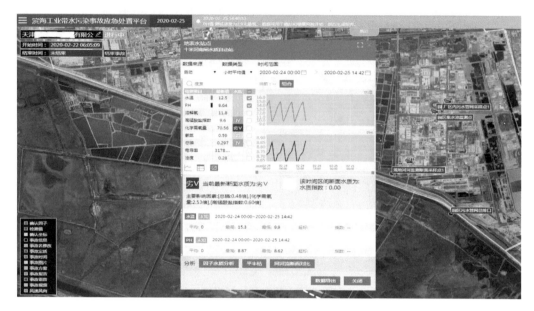

图 1-15   平台联动分析

（7）区域展示

平台地图可展示天津滨海新区生态功能区分布情况和生态评价结果，可通过插值实现天津滨海新区整体水环境质量的动态展示（图 1-16）。

图 1-16   区域展示

1.4.3　污染源监测预警系统

污染源监测预警系统是以在线自动监控系统为核心，以移动通信为传输媒介，运用现代传感技术、自动测量技术、自动控制技术、信息技术、相关监控分析软件和通信网络构建而成，是突发环境事件应急响应处置以及污染源监控信息化建设需求的重要组成部分。

1.4.3.1　系统工作原理

该系统是基于电化学、红外紫外激光和其他先进检测方法，对污染源进行实时监测分析。系统根据污染物种类配置对应的传感器，可实现对大部分污染源的监测，其采用物联网集成模块，能同时监测多个监测点位，并将数据统一上传平台，便于查询、管理、预警，进而达到对污染源的实时监控。

1.4.3.2　系统目标

该系统在底层框架基础上开发，涵盖水污染源多项污染因子在线监测应用技术，可满足天津滨海新区环境监管部门环境信息网络的建设要求，支持突发水污染事故应急监测、预警与处置工作。

1.4.3.3　系统功能

该系统将各种统计分析报表和图表分类汇总，得到每种污染物的排放状况，并进行直观对比分析；可跟踪污染物排放变化趋势曲线，得出是否超标的结论；能汇总区域内污染源排放状况，为区域内污染物排放管控提供技术支持。具体功能见表1-6。

表1-6　污染源监测预警系统功能

功能类别	功能描述
实时监控	支持污染源监控视频接入，直观展示污染排放状况
实时数据	可查询企业排放口的实时、分钟、小时数据信息，以图表的形式展示；可根据地区、级别、排放口名称进行快速查询
数据查询	支持按数据类型、时间段查询污染物历史排放数据，包括小时数据、日数据、超标数据、原始数据，可配置要显示的监测因子，查询结果可导出为 Excel 文件，可通过曲线展示站点多个因子的历史变化趋势

功能类别	功能描述
报警管理	支持在排放口出现数据超标状况或预警值时，及时在 GIS 图上闪烁报警，并推送消息通知监控人员
	根据选择的企业类别和时间范围以及报警类型等条件，显示各个企业的报警次数，点击进去可查看报警时间、报警原因。如是超标报警，可显示超标次数并详细展示超标的时间、超标因子、标准值和超标数值
数据管理	数据审核：可提供数据审核日历，直观查看所有排口的数据审核状况，根据国家相关标准和自定义规则对监测数据进行自动审核，对异常数据、报警数据、重复数据、接近检出限数据、缺失数据进行智能标记，可人工复核。所有审核操作记录均可在审核日志中查询
	数据补遗：对监控中缺失的数据可采取远程补采或手工补录的方式对缺失数据进行补录。所有补遗操作记录均可在补遗日志中查询，同时支持数据恢复
数据查询及报表管理	在选定的时间范围内，查询所有企业设备在线情况，显示企业名称、排口名称、控制类别、数据有效率和超标率
	根据选择的时间范围，显示该时间段内的小时数据信息，并可打印、导出报表信息
系统管理	管理员可对企业、排放口等基础信息进行管理，可添加新的企业、排放口信息，修改或删除已有的企业、排放口信息。可对各排放口污染因子设置报警标准值等
	管理员可对企业监测因子信息进行管理，可添加新的监测因子、更新或删除已有的因子
基础信息库	按照数据管理规范进行自动校验的数据库：①监测数据有效性判定（从逻辑性角度检验监测项目浓度值是否处于有效范围）；②数据逻辑性判断；③低于检出限判定；④低于检出限数据标识
	化学品库：包含常见污染物监测方法、理化性质等
	重点污染源库：包含本地重点污染源信息，可在 GIS 平台界面显示。后台管理界面能对基本信息进行搜索、新建、修改和删除
反向查询功能	重点污染源查询：区域重点污染源可通过"搜索"进行查询，并在 GIS 地图上显示位置、实时相关信息（包括企业联系人、可能产生的污染物等）
	化学品查询：具有搜索、添加、修改功能，可对化学品信息进行更新
	评价标准查询
反向查询功能	监测方法查询：包含各种污染物的方法以及检出限。可详细查询、增加、修改、删除具体监测方法
	点位信息查询：可对点位信息进行单独管理，包括经纬度、名称、监测项目等

功能类别	功能描述
综合统计分析功能	污染物变化趋势分析：可选择任意时段、任意周期统计并显示污染物变化趋势，显示污染物评价标准；可形成企业监测数据报表，包括日报、月报、季报、年报，可进行均值统计分析和浓度变化分析
	污染物类别分析：按照数据库分类统计各类污染物的占比，并以图表直观展现

1.4.3.4　系统主要功能详解

（1）污染源排放数据查询

通过数据来源、年份、污染物等条件对污染源的排放数据进行查询，并关联到该企业（图 1-17）。

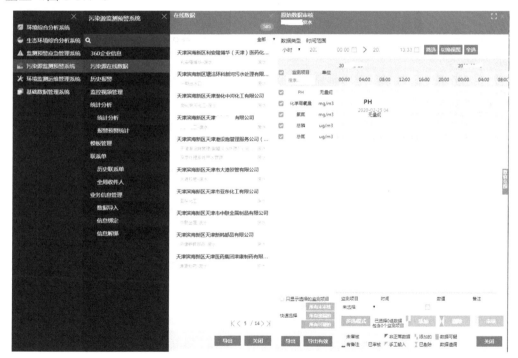

图 1-17　污染源排放数据查看展示

（2）各污染源排放情况分析

可对水污染物排放量进行详细统计和报表查询，完成包括污染源类型分析、区域分析、变化趋势分析等分析汇总。数据查询条件包括区域、行业、数据来源、年份等。

（3）污染源排放总体情况

对自动监控系统的数据进行收集、统计，以图表的形式展示区域水污染物排放的特征，对水污染物排放量的区域分布情况、行业分布等情况进行总体分析。查询条件包括行政区、行业等。

1.4.4 地表水监测预警系统

地表水监测预警系统是以地表水断面水环境质量状况预警管理为目标，以自动分析仪器为核心，运用传感技术和测量技术等组成的自动在线监控系统。

1.4.4.1 系统工作原理

在底层框架基础上，对地表水环境监测信息进行收集、整理、加工和数据处理，并将统计分析结果在 GIS 图上实时显示，达到快速反应和综合分析的目标。

1.4.4.2 系统功能

地表水自动监测系统常见软件功能见表 1-7。

（1）查询

对水质监测断面、监测项目、功能类别、各种污染物标准和点位限值、在线监测设备管理信息及状况、水质评价标准、监测方法、点位信息进行查询。

（2）时空分析

实时展现单点或多点实时数据，以及单点或多点各污染物的时空分布并在地图实时展现。

（3）统计分析

能对河流、湖泊、饮用水水源等监测断面、河段、水系、区域进行类别判定、达标情况判定、主要污染物分析、类别分布统计、对比统计、行政区交界断面考核统计、趋势统计等，统计结果能直接在地图上展示。

（4）污染溯源功能

结合污染源的状况，实现污染溯源辅助功能。

表 1-7　地表水自动监测系统常见软件功能

功能类别	功能描述
数据库	标准库：包括国家、地方、行业执行的水污染物限值标准和监测方法标准等 点位信息库：根据相关规范确定的监测点位信息汇总，建立点位信息库 基本监测点位信息包括：行政区域代码、河流代码、湖库代码、断面代码、断面名称、经纬度 数据接入：自动站数据、人工数据可通过对接、导入及手工录入的操作方式，全部接入到数据库中，经过处理后形成统一的有效数据
数据处理	按照水环境质量数据管理审核规范进行自动校验、人工审核的水环境质量数据库：①监测数据有效性判定；②监测数据间逻辑性判定；③低于检出限判定；④低于检出限数据处理
查询功能	自定义查询：可查询到任何时间单点、河段、区域等不同范围的数据 监测因子查询：根据选定的监测因子、监测点位进行查询 功能类别查询：选定监测点位，可查询该点位所属类别，同时选择功能类别，满足条件的监测点会展现出来 水环境污染物标准及点位限值查询：对于监测点位出现的典型和常见的污染物有限值，点击污染物查询列表，对应的限值可展现出来 水质类别查询 监测方法查询：包含各污染物的监测方法，可点开详细查询 点位信息查询：对每一个点位的信息进行单独管理，包括经纬度、功能区、污染物指标等
统计分析功能	水质类别判定分析：对河流、湖泊、饮用水水源等断面水质类别进行判定分析 水质主要污染物分析：对河流、湖泊、饮用水水源等断面水质主要污染物进行分析 水质达标情况分析：对河流、湖泊、饮用水水源等断面水质达标情况进行分析 监测因子走势分析：对河流、湖泊、饮用水水源等断面监测因子走势进行分析 考核统计：包括交界断面、"河长制""水十条"等设有考核指标的断面，能给出水质达标率、超标率、超标倍数和改善率等重要管理数据，并进行单指标或者多指标综合排名、同比和环比比较
超标/异常报警功能	根据标准限值或者考核要求，对超标情况自动进行报警并短信推送。对设置多个监控断面的河流，当中间断面出现的监测结果偏高（大于20%）时系统自动进行提示和报警
统计报表	根据基础数据的各种统计结果生成Excel报表，根据工作要求选择模板生成报告

1.4.4.3　系统主要统计功能详解

（1）水环境质量分析

水环境质量分析模块可实现对水环境质量的综合统计分析，包括对河流、湖库、饮用水水源等水环境质量的监测因子进行统计分析。主要分析功能有水质总体现状、河流监测指标变化分析、河流综合污染指数计算、湖库监测指标变化分析、水源地监测指标变化分析等，提供水环境质量监测数据和评价结果数据的报表查询、下载。

（2）水质总体现状

主要包含行政区内所有被监测河流及湖库断面的水质现状情况，具体功能包括水质达标情况统计、水质状况查询、水质级别情况等。

（3）河流质量

主要包括对河流水质监测数据及变化、综合污染指数的统计。

（4）河流水质监测数据查询

设定查询条件，可对一定时间段、不同地区、河流、断面的监测数据查询，结果可导出（图 1-18）。

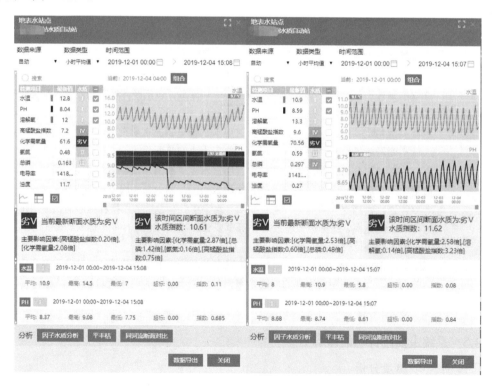

图 1-18　河流水质自动监测数据查询展示

（5）监测指标变化

①年度监测指标变化

分析不同断面某一年份的年度监测因子变化，并通过折线图展示分析结果。

②历史同期监测因子变化

分析不同断面某一月份的历史同期监测因子变化，并根据需要进行图形展示（图 1-19）。

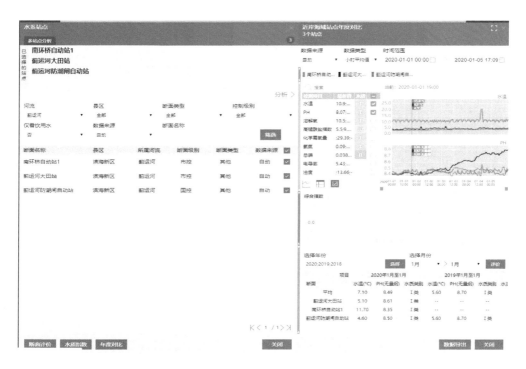

图 1-19　河流水质自动监测数据查询展示

（6）综合污染指数分析

分析一定时间段、不同水系河流的污染指数，并根据需要进行图形展示（图 1-20）。

滨海工业带水污染事故
应急处置平台建设及预警响应技术应用手册

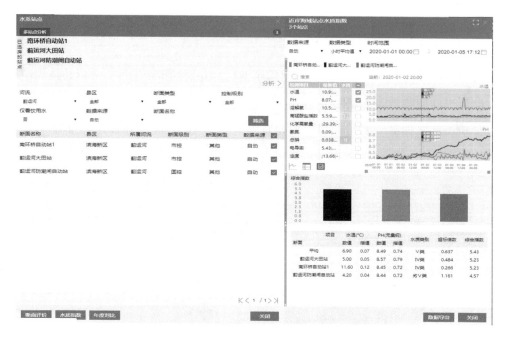

图 1-20　不同时段、不同河流断面综合指数及分析

（7）湖库质量

湖库质量分析主要实现了对湖库水质监测数据的查询、监测因子变化、综合污染指数的分析。

①湖库水质监测数据查询

可设定查询条件，实现一定时间段、不同地区、湖库、断面的例行监测数据，查询结果可导出（图 1-21）。

数据来源	数据类型	时间范围					
自动	日平均值	2020-02-14 00:00		2020-02-24 15:29			
搜索		2020 02-14	2020 02-15	2020 02-16	2020 02-17	2020 02-18	2020 02-19
检测项目	超标值 水质						
水温	12　Ⅰ	12.5	11.5	11.2	11	11.1	11.6
PH	8.62	8.45	8.47	8.47	8.49	8.53	8.52
溶解氧	12.5	3.7	3.8	3.8	4	4	3.8
高锰酸盐指数	9.6　Ⅳ	8.1	1.8	8.3	8.2	8.4	8.6
化学需氧量	70.56 劣Ⅴ	59.93	60.66	61.39	61.39	61.68	63.08
氨氮	0.59　Ⅲ	1.32	1.32	0.93	0.69	0.66	0.63

图 1-21　湖库水质监测数据查询

②监测因子变化

a. 年度监测因子变化

分析湖库某一年份的监测因子变化，并根据需要进行图形展示。

b. 历史同期监测因子变化

分析湖库某一月份的历史同期监测指标变化，并根据需要进行图形展示。

③综合污染指数分析

分析一定时间段、不同湖库的污染指数，并根据需要进行图形展示（图1-22）。

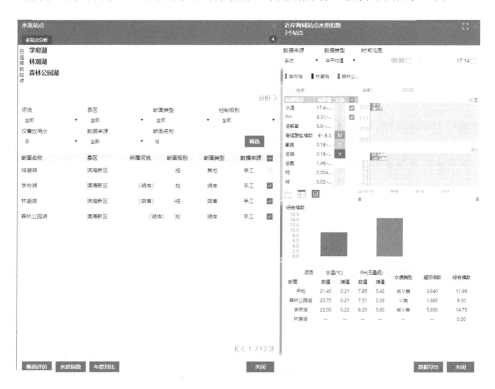

图1-22 湖库综合指数分析及展示

（8）饮用水水源地质量

饮用水水源地质量分析主要实现了对饮用水水源的监测数据的查询、监测因子和达标率分析。

①监测数据查询

可设定查询条件，实现一定时间段、水源地、断面的监测数据的查询，查询结果可导出。

②年度监测因子变化

分析水源地某一年份的年度监测因子变化，并通过折线图展示分析结果。

③历史同期监测指标变化

分析不同水源地某一月份的历史同期监测指标变化，并根据需要进行图形展示。

④监测因子达标率分析

实现水质达标率月度趋势分析，以曲线图形式展现年度各月的累计达标率及上年同期达标率，并可提供水质达标率年度趋势分析，以图形展现各年的该月达标率、年均达标率。

（9）断面监测数据对比分析

断面监测数据对比分析包括同一断面不同时间对比分析、不同断面同一时间对比分析、水质趋势分析和断面水质分类分析（图1-23）。

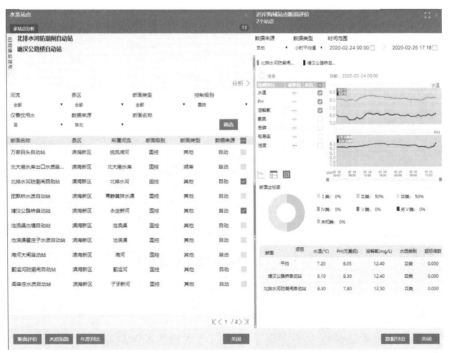

图 1-23　断面监测数据对比分析

（10）手工监测数据对比分析

根据实际需要选择筛选条件进行手工监测数据对比分析。筛选条件包括任意起止日期、断面、饮用水水源地等。

对比内容包括监测样品数、最大值、最小值、平均值、最大值超标倍数、水质类别及所占比例、主要污染指标、超标倍数、超标率、达标率、污染指数等。

1.4.4.4　移动端信息的查询和预警预报

监测人员可以通过移动端实时查看区域内的污染源、地表水等自动监控站点的基本概况、监控数据、超标报警数据等，从而实现实时监管，使水环境质量得到有效持续改善。移动端系统功能：

（1）站点信息

可以通过移动端查询地表水和污染源站点的基本信息和实时数据。

（2）地表水质量

区域地表水质量状况查询，输入所需查询区域可显示该区域地表水质量状况、地表水综合指数、自动监控和人工监测实时数据等信息。

（3）监测数据

可进行监测点位各类污染物浓度及相关统计指标的查询。

（4）GIS 定位

移动端可定位各站点，获取各人工监测断面的地理位置及详情。

1.5　数据采集与交互共享

平台数据来源广泛、内容丰富、表现形式多样，主要包括人工监测数据、在线监控数据、手工录入数据、质量管理数据等。各类数据在平台内可实现采集、集成、共享访问、数据管理、公共代码管理、数据字典管理、基本信息维护、数据查询、交互、系统管理等过程。

1.5.1 数据采集

1.5.1.1 基础数据获取

平台的基础数据资源主要采集自日常的环境监督管理过程，从而建立环境数据平台基础数据源。数据源形式包括 Excel 表格、已有数据库支持的应用系统等。

1.5.1.2 利用 ETL 数据导入工具

平台利用自动抽取转换加载（ETL）数据导入工具对实时性要求低、采集频次低的数据进行手工处理。通过数据源提取基础数据、清理数据、集成数据、装入环境综合数据库的过程，为数据分析做好准备。

1.5.1.3 环境基础数据集成服务

平台利用环境基础数据集成服务（SSIS）对需要实时抽取、采集交换频次高的数据进行自动抽取转换加载（ETL），针对具体的系统编写具体的数据转换代码，完成从原始数据采集、错误数据清理、异构数据整合、数据结构转换、数据转储和数据定期刷新的全部过程。

1.5.2 数据集成方式

平台根据环境数据的来源和格式，按照不同来源的更新机制，将数据集成进入数据中心，数据集成方式有如下几种：

1.5.2.1 手动执行导入包

利用 ETL 数据导入工具及相应的 ETL 管理工具对国发软件或某些历史数据进行定期自动入库或手工入库。

1.5.2.2 数据接口自动入库

对于外部数据，数据中心提供标准数据接口，系统推送转换后，实现数据自动入库。

1.5.2.3 定期直接入库

对于在线监控数据，由于数据的采集部门、方式和格式相对固定，不需要制定中间格式数据标准，直接由系统自动进行数据的检查和审核，以数据复制等方式将数据自动转入基础数据库。

1.5.2.4　数据录入

对于公共代码、污染源基本信息、环境质量监测点位、断面信息等，可通过特定的数据录入表单来进行采集入库。

1.5.3　数据共享访问服务

数据共享访问服务建立了规范的环境数据共享交换标准，提供各业务数据集成到数据中心的标准数据内容和数据格式、数据集成方式、数据传输标准，实现各子系统之间的数据交换与共享。

数据中心提供的数据访问服务按照数据内容分为公共代码共享服务、环境监测业务数据共享服务。

1.5.4　数据管理

数据管理部分包括：公共代码管理、数据字典管理、模板数据上传、污染源基本信息维护、环境基础信息维护。

1.5.5　公共代码管理

数据中心公共代码的分类规则遵照中华人民共和国环境保护行业标准《环境信息分类与代码》（HJ/T 417—2007）、《水污染物名称代码》（HJ 525—2009）的分类方式和代码。数据中心涉及的公共代码类目在环境业务分类标识的基础上，从信息资源规划对信息分类的标识角度，对具体代码类目进行分类标识。

公共代码管理对公共代码库中各类公共代码进行增、删、改、查，同时支持公共代码文件批量加载，通过配置可以实现对不同公共代码数据文件的处理。公共代码管理操作包括：公共代码维护、代码匹配、代码清洗和公共代码版本管理。

1.5.6 数据字典管理

数据字典存储对环境信息数据库体系结构的描述，记录环境数据的来源、说明、与其他数据的关系、用途和格式等信息。数据字典管理即对数据字典分类进行管理，包括数据分类的管理和图表信息管理，并实现平台中数据库各类对象的全景展示和查询功能。

1.5.7 基本信息维护

平台定期对河流、湖库、断面、监测点位、监测因子等基本信息进行维护，包含信息的添加、编辑和删除。系统可根据数据需要，自行维护基本信息。

1.5.8 数据交互

1.5.8.1 数据采集与共享监控

提供数据采集周期设置、数据采集情况监控、数据共享情况监控等功能。

1.5.8.2 服务器运行监控

网络状态监控：监控各个数据采集前置系统的连接情况及各服务器的网络连接状态是否存在异常。

异常警报：对各类数据传输过程节点中出现的数据缺失、网络异常、节点故障等异常情况，系统将自动报警。

系统通知：包括异常通知和补传通知。

1.5.8.3 数据校验

平台对集成数据进行校验，对导入数据的完整性进行核对，并筛选出空白值、异常值，由监管人员进行确认。

1.5.8.4 数据集成状况展示

平台对每天更新的数据类型、数据条数、更新率等状况进行页面展示。

1.5.9 数据查询报表

结合数据中心数据集成、整合的成果，提供环境质量、污染源监管等各类子系统中重要数据的查询报表。数据查询报表内容见表 1-8。

表 1-8 数据查询报表内容

系统名称	报表内容
水环境质量	提供水环境质量数据的查询报表，包括河流、湖库、饮用水水源地断面基本信息、人工和自动在线监测数据
污染源监督性监测	提供污染源监督性监测数据的查询报表，包括企业基本信息、废水监测信息等

1.5.10 权限管理

平台可设置系统操作权限，可按人员职位职责进行数据权限控制及系统日志查看。

1.6 数据库

数据库是把收集的数据存入中心数据库的交换区后，经过处理后存入整合区的缓存库。根据数据的分类及应用类别，数据在存储区中分别存储于基础数据库、指标库和主题数据库中。此后，通过数据访问、资源目录、决策支持等数据应用、服务方式，将经过数据中心整理、分析后的各类环境数据提供给相应部门、领导及其他政府部门等具有不同数据需求的用户。数据库主要是管理环境相关的数据资源，建立标准数据体系，形成统一的数据库体系，在平台中主要分为应急专家库、应急物资库、风险源数据库、应急监测设备库、标准方法库、应急预案库、应急处置方法库、应急案例库、应急监测人员库和化学品库。

1.6.1 应急专家库

应急专家库中录入每位专家的专业领域、联系方式等信息，在环境污染事故发生后，可以第一时间通过应急专家库查询到对应环境污染事故类型的专家，并尽快联系专家参与应急处置工作，根据污染事故实际发展态势，及时提供技术支持和决策建议，并对应急管理体系的建设及环境污染事故提出指导性的建议。应急专家库查询展示界面如图1-24 所示。

图 1-24 应急专家库界面

1.6.2　应急物资库

应急物资库的建立，将成为整个环境监测应急决策系统的坚实基础，当污染事故发生时，系统平台可以自动搜寻以事故发生点为圆心一定半径范围内的应急物资存放点，且在 GIS 上通过特殊标记清晰显示出来，同时可以查询每个应急物资存放点储存的应急物资（含应急处置设施）种类、型号、数量等基础信息，便于在污染事故发生的第一时间迅速定位最近的应急救援物资地点，大大缩短污染事故从发生到处置的响应时间。应急物资库查询展示界面如图 1-25 所示。

图 1-25　应急物资库界面

1.6.3　风险源数据库

区域内的风险源是指存在一定的火灾、爆炸、泄漏等事故隐患，发生事故时将对环境造成污染危害的单位。风险源数据库包含本地风险源信息，并能在平台界面显示，在后台管理界面能对基本信息进行搜索、新建、修改和删除。风险源数据库查询展示界面如图 1-26 所示。

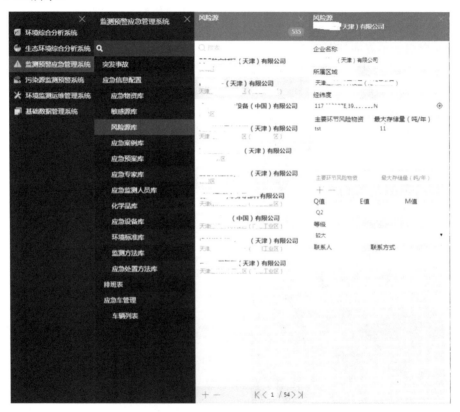

图 1-26　风险源库界面

1.6.4　敏感源数据库

区域内的敏感源（敏感受体）是指污染事故中已受到或可能受到污染物不利影响

的、对污染物反应敏感的受体，主要包括人口密集区、医院、学校等。作为环境保护目标，敏感受体的筛选和确认是确定污染物处理处置措施、防护距离和处置方案需要考虑的一个重要方面。敏感源数据库包含本地敏感源信息，并能在平台界面显示，后台管理界面能对基本信息进行搜索、新建、修改和删除。敏感源数据库查询展示界面如图 1-27 所示。

图 1-27　敏感源库界面

1.6.5　应急监测设备库

应急监测设备库作为水污染事故处置的重要基础，对整个应急响应处置过程起着较为重要的作用。应急监测设备库主要包含天津滨海新区范围内各部门应急采样和监测设备以及相应的设备型号、设备类型、品牌等信息。当污染事故发生时，应急监测指挥人员可立刻根据现场初步调查的污染物种类，通过应急监测设备库筛选出对应的设备。应急监测设备库查询展示界面如图 1-28 所示。

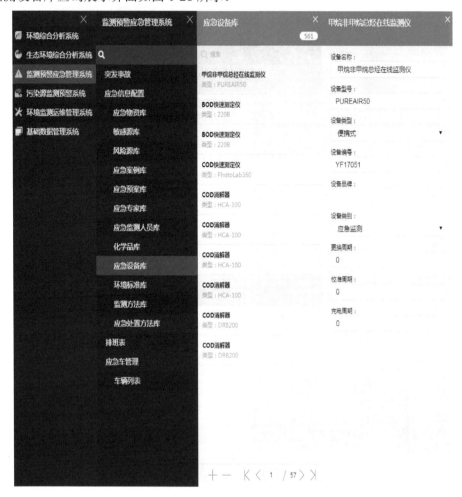

图 1-28　应急设备库界面

1.6.6　标准方法库

标准方法库是为环境管理及应急监测技术人员在日常工作和应急工作中具体监测方法和管理标准提供指导而建立的，从类别上看，主要包括环境质量标准、污染物排放标准、实验室质量管理标准、常规和应急监测项目监测方法标准及技术规范等。标准方法库根据国家和地方的标准、方法的更新适时更新。为便于分类查询，标准方法库设置为环境标准库和监测方法库两种，展示界面如图1-29所示。

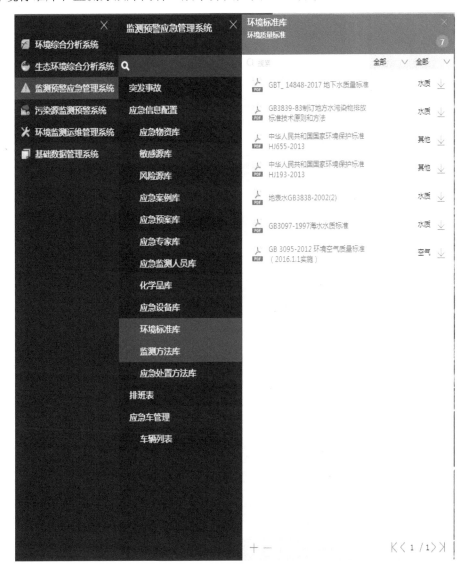

图 1-29   标准方法库界面

1.6.7　应急预案库

　　应急预案库是发生污染事故后对事故应急响应和科学开展应急处置工作的基础，包括天津滨海新区范围内涉及应急响应的各级应急预案，分为滨海新区级、园区级、企业级三类，应急响应工作开展后可第一时间查询。应急预案库查询展示界面如图 1-30 所示。

图 1-30　应急预案库界面

1.6.8　应急处置方法库

应急处置方法库是为及时有效控制污染扩散、进一步消除污染物，实现应急管理决策和预案目标而制定的应急处置方法措施。应急人员通过查询应急处置方法库可以第一时间了解该类污染事故应急处置措施及建议，为后续的处置工作提供重要技术支持。该系统可根据区域实际情况对处置方法及类型进行增加和删除，目前主要包括油类、农药类、重金属类、苯类等十余种危化品泄漏和废水超标排放等多类应急处置方法。应急处置方法库查询展示界面如图 1-31 所示。

图 1-31　应急处置方法库界面

1.6.9 应急案例库

应急案例库选取了天津滨海新区及国内外应急事故实践中的典型案例并存储管理,可实时调阅、下载;与相关企事业单位开展的应急演练过程资料也作为案例录入该数据库。应急案例库可为水污染事故应急响应流程及处置措施提供借鉴,相关数据结果可为应急指挥决策提供参考依据,是决策系统的重要组成部分。应急案例库展示界面如图 1-32 所示。

图 1-32　应急案例库界面

1.6.10　应急监测人员库

应急监测人员库录入了滨海新区环境监管部门应急人员信息，指挥人员通过查询相关人员姓名、所属科室、职务、应急职责、相关资质、专业、联系方式等信息，能够及时、准确、直观地选择、抽调相关专业的应急人员完成相应的工作任务。应急监测人员库展示界面如图 1-33 所示。

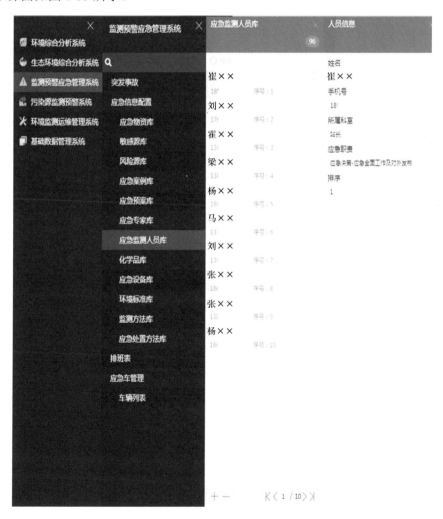

图 1-33　应急监测人员库界面

1.6.11 化学品库

化学品库包含常见水和废水监测工作中的化学物质及其分子量、化学式、熔点、沸点、溶解性等物理化学特性、毒性等信息，且包含反向模糊搜索功能，为指挥部门筛选污染物提供了数据支持。化学品库展示界面如图 1-34 所示。

图 1-34　化学品库界面

1.7　河道污染物扩散过程的数值模拟及预测模型

当污染物进入水体后，生物、物理、化学、水流、水温、气候等外界因素对其迁移扩散有多重影响，会对污染物产生降解和稀释作用，利用水质模型模拟污染物扩散过程可以及时判断污染物可能污染的范围，有利于应急处置及预警评估研判。由于突发水污染事故具有很强的不确定性，事故发展过程中影响因素往往较为复杂，在事故初期，水文河道等参数短时间内难以获取，因此平台委托相关科研单位开发了可变参数较少、具有一定通用性的河道污染物扩散过程数值模拟预测模型。该模型能够粗略模拟出区域水体污染情况并进行简单预测，为河体污染事故应急处置提供一定的针对性指导作用。

1.7.1　建立河道污染物扩散预测模型的意义

在水污染事故即将发生或发生初期时，调取水污染事故数值模型和应急数据库，模拟水污染事故，可以粗略推知水污染扩散区域、事故发展趋势，再结合事故现场获取的信息和相关应急资料，为应急决策提供参考，有利于应急监测方案的制定及后续处置措施的形成。

1.7.2　河道污染物扩散过程的数值模拟及预测模型概述

河道污染物扩散过程的数值模拟及预测模型是根据滨海工业带园区污水排放流道的地理信息分布情况而建立的相关物理模型、数学模型。该模型以管道实际情况修正污水流动过程中的沉积模型并计算区域内不同河道内流场及污染物组分分布流向，再根据实际情况的测试结果修正计算。

1.7.3　河道污染物扩散预测模型案例演示

为更直观地展示河道污染物扩散过程模拟结果，选取北塘排水河河道污染物扩散过程进行展示。

北塘排水河为 1959 年在海河北部开挖的排泄河道，它位于天津市东北部，流经滨海新区，至永和闸汇入永定新河并最终注入渤海，全长 32.99 km。该模拟过程主要通过建模软件 Solid works 建立三维河道模型，模拟天津滨海新区范围内的北塘排水河污染情况以及预测沿线排污口污染物排放对于下游水质的污染情况。特征污染物含量分布模拟结果如图 1-35 所示，排污口附近特征污染物扩散如图 1-36 所示。

图 1-35　排污口特征污染物含量分布

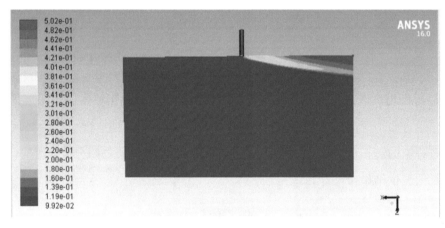

图 1-36　排污口附近特征污染物扩散分布

1.8　平台与移动端 App、应急监测车互联

1.8.1　平台与移动 App 互联

监测预警移动监管 App 是一个基于环境监测预警平台下，对污染源、地表水、自动

监控等全面监管、统一管理的综合性监管 App。它可以通过手机客户端实时查看管辖区内污染源、地表水各个站点的基本概况、监控数据、超标报警数据等信息，并能实时上报监测数据和车载或人工现场视频信息，从而实现实时监管，使应急预警监测工作迅速、有效、科学。

1.8.2 平台与应急监测车互联（人—机—车—平台信息交互）

移动终端将应急现场的车载视频信息和现场监测数据信息通过软件传输至滨海工业带水污染事故应急处置平台上，应急指挥决策者可利用平台系统，在指挥中心或现场应急监测车内指挥，掌握周边风险源及应急监测方案等信息，保持与监测人员实时沟通，实现科学化、有效化、及时性的信息传输（图 1-37）。

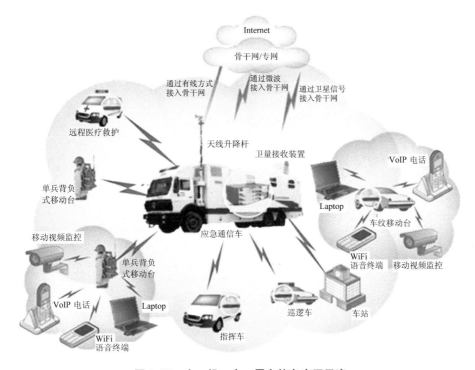

图 1-37 人—机—车—平台信息交互示意

系统功能：

①通过现场监测人员对污染物的实时监测浓度和现场车载视频的传送和接收，对环境风险进行实时研判。

②实现对突发水污染事故的基本情况判断，能实时自动生成应急方案和报告。

③监测人员可同时接收决策系统对事故的研判信息和决策信息。

④移动端接收监测点位信息，可以准确导航到该点位进行监测。

具体功能描述详见表1-9。

表1-9　人—机—车—平台信息交互系统功能

功能类别	功能描述
查询功能	对重点源库、化学品库、应急监测方案等信息进行查询
监测和记录功能	实时记录现场采样时间、地点、分析结果、人员安排，上传现场视频影像等相关信息
事故点确认与导航功能	通过移动端或者PC端确定事故地点信息后，自动发送到相关应急人员的移动端，在PC端或者手机端GIS地图显示点位，可以直接连接到导航
导航和GPS功能	移动端接收监测点位信息，可以准确导航到该点位进行监测，并能查询监测人员和车辆的工作轨迹
数据及图片传输	监测信息及监测数据可通过移动端实时上传

应用篇

第 2 章

滨海工业带水污染事故应急响应处置流程

2.1 平台应急响应处置流程

为提高滨海工业带环境应急信息化建设水平,天津滨海新区利用"滨海工业带水污染事故应急处置平台"作为技术支撑开展水污染事故应急响应处置工作。从流程上看,平台通过自身报警和即时接报相关部门水污染应急事故通知,记录事故发生的时间、地点、内容等,初步确定水污染应急事故的级别,并通过手机 App 推送应急通知到应急指挥人员、专家、现场应急人员和实验室监测人员,现场应急人员可通过交通导航快速赶赴事故现场勘察。平台在相应数据库基础上根据事故性质、现场反馈情况,结合专家建议判定警情级别,模拟预测污染扩散情况,配置应急监测方案、初步应急处置方案、安全防护建议,并对涉及产生次生环境污染问题给出相应提示建议。

平台在水污染应急事故发生后可实现各类数据的实时传输查询以及各环节相关人员的实时通信,保证应急总指挥、应急现场指挥、实验室负责人员可随时就事故响应处置事宜进行沟通。现场指挥根据现场专家建议及应急人员反馈勘察情况、实验室负责人员根据应急样品检测分析状况,均可向平台总指挥提出事故等级升高或下降的申请。现场专家可随时向平台总指挥提出应急方案、应急物资、应急设备、现场人员调整等建议。平台指挥中心随时对现场情况和样品检测数据进行分析判断，污染物稳定达标后征询应急专家意见，做出当次水污染事故应急结束的决策。应急响应处置过程中，各类现场视频图像可即时发送平台并由平台存储记录（图2-1）。

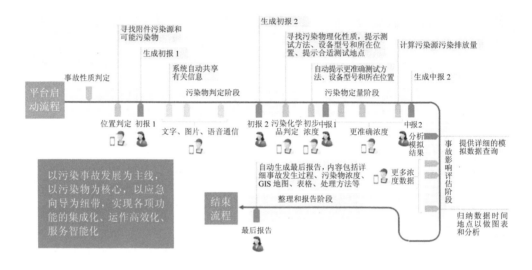

图2-1 平台应急响应流程

应急响应处置工作终止后，相关部门可根据平台向导时间轴梳理事故响应处置流程，确定突发事故原因，确认事故性质，研判事故影响和等级，认定事故责任，提出整改措施和处理意见，制定环境恢复工作方案，形成完整的事故报告存入平台案例库。另外，可利用平台对突发环境事故定期进行汇总分析，及时向相关部门提供可公开的突发环境事故的数量、级别、事故发生的时间、地点、应急处置概况等具体信息。对于应急处置工作的决策经验和信息储备均可用于对平台功能的修改和完善。

2.2 水污染事故事前预防应急准备

2.2.1 平台数据信息整合储备

整合信息资源,明确应急信息分类,建立系统的应急数据库可以大大提高环境污染事故应急响应处置的效率。天津市滨海新区环境监测中心通过信息资源规划整理了污染事故应急响应处置工作需要的各类数据信息,按类别上传至平台,形成了集滨海工业带风险源库、敏感源库、应急物资库、应急案例库、应急预案库、应急专家库、应急监测人员库、化学品库、应急设备库、标准方法库、应急处置方法库于一体的庞大数据库系统,结合现有环境质量监测、污染源监测、环境应急监测数据,实现了水污染风险预警动态分析、分级预警、区域综合预警、处置联动响应等功能,可达到突发性水污染事故预先防控、及时响应、科学处置的效果(图 2-2)。

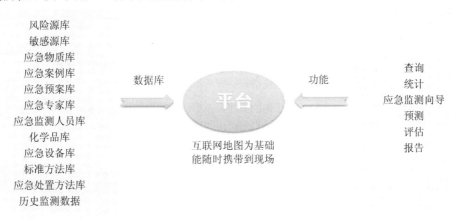

图 2-2 平台信息资源规划

2.2.2 应急资源储备与更新

随着应急物资、应急监测仪器设备、应急处置设备的不断丰富,平台定期更新相关信息，并对设备仪器进行维护；同时更新具有水污染事故应急处置资质和经验的专家名单、应急人员资质、最新的应急监测方法和技术规范、应急处置方法、环境风险源、敏感受体及各类案例等信息，可随时查询调用。

2.2.3　明确应急队伍人员职能

应急救援工作涉及面广、工作量大，应急救援工作是一个系统工程，为了使应急救援工作有序而高效地开展，应预先分配好人员指挥、监测、救援、处置、保障、宣传等职能。当突发污染事故发生时可通过应急处置平台快速组建应急队伍，各司其职、高效联动，为水污染事故应急响应处置工作增效提速。各人员职能见表2-1。

表2-1　应急人员职能

分类	人员职能
应急指挥中心	作为整个应急行动的核心，在事故发生后成立专门的机构，担任应急工作的指挥责任，在事故应急期间负责统一安排应急行动，包括现场应急人员和一些人力、物力的调配工作
现场应急指挥人员	在污染事故现场执行指挥工作，要做到合理安排人力、物力，参加应急的一切单位必须听从指挥；若水污染事故具有跨区域性，需要上下游配合指挥，从事故地点及下游设立现场指挥点
应急专家	专家小组成员具有一定的处理应急事故的能力，可以对事故发展趋势及危害程度预测结果进行评估，提出对应的应急救援方案，还可以为应急人员开展咨询工作和日常培训，参与事故调查和事后评估工作
应急监测人员	成员来自有资质的环境监测单位和其他相关部门，按监测方案要求开展应急监测和采样工作，将获取的现场监测数据和事故信息第一时间上报给平台指挥中心
应急救援队伍	应急救援队伍主要是来自各类专业救援队；在做好自身防护的基础上快速实施应急救援，保障人们生命和财产安全
应急医疗救护组	通知邻近医院做好应急救援工作，并在现场设立医疗救援点
媒体宣传小组	指挥中心由专人通过媒体统一发布客观情况和现场即时信息

2.2.4　开展应急演练

　　定期与相关企业开展应急演练，并对演练过程进行记录和评估，演练资料录入平台数据库，对于应急队伍的建设完善和提高应急响应处置综合能力、应急预案的改进、应急物资的完备等方面具有重要作用（图 2-3）。

图 2-3　水污染事故应急演练过程应急监测采样、处置现场

2.3　平台在水污染事故应急响应中的应用及主要功能展示

2.3.1　平台操作界面

　　为满足应急监测服务应急决策需求，平台包括电脑端和移动端两个系统，操作界面分别如图 2-4 和图 2-5 所示。

图 2-4　平台电脑端操作主界面

图 2-5　平台移动端操作界面

2.3.2　统计分析功能

平台录入了天津滨海新区多年来环境监测数据资源，经接收、转换、校验、加载等方式整合到数据中心，供平台运行时查询调用；平台内置水环境质量数据评价方法可对存储和上传的地表水人工监测数据、地表水自动监控数据进行综合分析；可结合排污企业信息，以国家相关标准和用户自定义规则为依据，运用分析软件将污染源在线监控数据进行分析，通过网络、移动通信实现输出及预警功能。

2.3.3　预警功能

当监测数据超过标准值、预警值或考核要求时，将会触发平台自动报警。触发自动报警时，平台电脑端界面上方消息提示栏将显示相应颜色，并以滚动字幕形式显示数据异常信息；界面右侧 GIS 中心操作区将于数据异常点位出现特殊标识，便于平台监测人员更直观地了解事故附近的位置信息。同时在移动端会同步发送数据异常信息，使相关人员第一时间了解事故信息，如图 2-6 所示。

图 2-6　平台端数据异常点位显示

2.3.4　警情评估功能

2.3.4.1　数据库提供事故各类信息

平台可查询污染事故及周边重点企业的位置、储存化学品原料种类及数量、排放污染物种类数量。平台数据库系统涵盖滨海工业带环境风险源数据，通过水污染事故发生信息可以在 GIS 地图上显示事故点位附近一定范围内的敏感受体和风险源；平台通过在线监测设备对企业和周边水域进行监控，随时调取现场视频信息，查看部分污水排放管网和雨水排放管网的分布情况，实现事故发生及早发现。

2.3.4.2　警情评估

平台具有水污染风险预警动态分析、分级预警、区域综合预警等功能，可以根据水污染事故信息初步判定警情级别。应急部门可以根据查询的相关信息对污染事故的污染源进行初步判断，第一时间调派应急监测人员进行现场勘察确认，评估水污染事故的污染性质、影响程度和范围，并据此确定级别，制定各类应急方案，如图 2-7 所示。

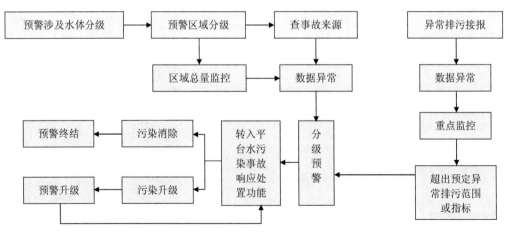

图 2-7　平台预警功能机制

2.3.5　查询功能

2.3.5.1　事故地点确认

接到水污染数据异常警报后，由应急指挥中心在 GIS 定位数据异常发生点，通过查询周边重点企业、风险源和敏感受体等信息初步判定污染事故的可能来源及可能的影响范围，同时立刻调派应急监测人员赴事故发生现场，进一步确定污染事故地点。现场应急人员确认后，打开手机移动端，在地图上点击事故发生地点并上传信息，同步到平台端。

2.3.5.2　导航跟踪功能

接到数据异常报警后，相关应急人员打开手机移动端，在移动端 GIS 地图显示数据异常点位置，点击"事故点位"，选择"导航"选项，可直接连接至高德地图导航界面，点击"导航开始"，即可显示导航路线。应急监测车辆均装有 GPS 定位器，可以实时显示应急监测车辆所处准确位置信息。

2.3.5.3　周边信息查询

水污染事故发生时，应急人员可以通过平台查询事故发生地周边企业、敏感受体信息了解事故发生点周边敏感受体（如城乡居民饮用水及工农业取水口、居民区、学校、医院、商场等）、环境风险源物质及储量（图 2-8）。

图 2-8　事故周边风险源、敏感受体污染源信息

2.3.5.4 事故污染物查询

通过平台可查询发生事故企业的基础信息、存储化学品种类、理化性质、数量、储存位置，初步判断污染源种类。

应急人员到达现场后，结合移动端"污染源"功能中存储的企业化学品统计数据（图 2-9）和进一步的现场勘察确定污染源。当污染物难以确定时，现场应急人员可结合现场污染状况，根据感官特征在移动端对污染源进行反向模糊搜索，确定污染物。

图 2-9　移动端查找污染源信息

现场监测人员可通过移动端选择菜单中"化学品"功能，查看各污染源详细信息，包括相关理化性质，如沸点、熔点、化学式等（图 2-10）。

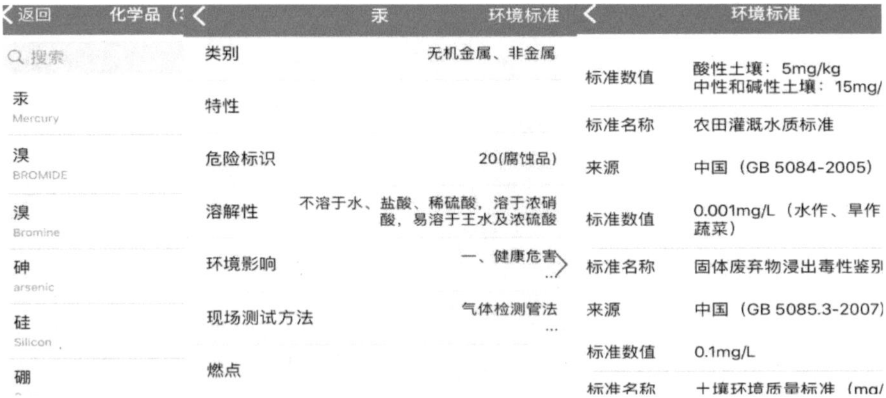

图 2-10　移动端查找化学品信息

2.3.5.5 应急相关人员查询

通过平台"应急专家库"可筛选出符合本次事故处置需求的相关专家,第一时间联系专家并成立应急专家组。

平台"应急监测人员库"功能还可以查询专业技术人员,通过其呈现的专业特长、持证情况、值班周期等信息进行选择,组成应急监测组。上述查询均具备模糊搜索功能。

2.3.5.6 应急设备查询

在对事故发生地完成精确定位后,移动端和电脑端均可通过"应急设备库"中设备名称查询应急监测设备信息(图 2-11)。

图 2-11 平台端应急设备库查询

2.3.5.7 应急监测方法查询

应急人员可以根据事故点位污染物名称及现场勘察情况,在平台输入污染物名称,查询相应的应急监测方法和控制标准(图 2-12~图 2-15)。

图 2-12　污染物对应监测方法查询

图 2-13　监测方法查询结果

图 2-14　监测方法查询界面

HJ

中华人民共和国环境保护行业标准

HJ/T 70—2001

高氯废水　化学需氧量的测定
氯气校正法

High-chlorine wastewater—
Determination of chemical oxygen demand—
Chlorine emendation method

图 2-15　监测方法查询结果

平台可通过检索方法名称或者编号实现对所录入的现行有效实验室监测方法、现场快速监测方法及控制标准的查询，查询结果可在线查看和下载（图 2-16）。

图 2-16　实验室监测应急样品

2.3.5.8　处置方法和案例查询

应急人员在移动端或者电脑端功能菜单中均可选择"应急处置方法库"和"应急案

例库"功能按钮,选择"查看相应信息",为污染事故应急处置工作提供参考(图 2-17～图 2-18)。

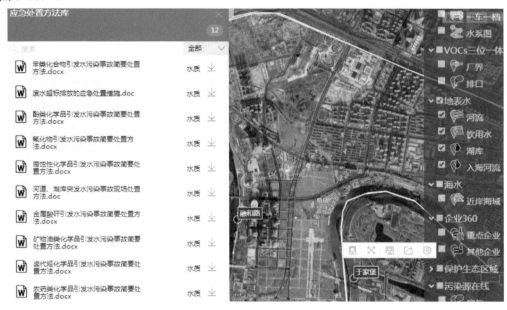

图 2-17　应急处置方法库

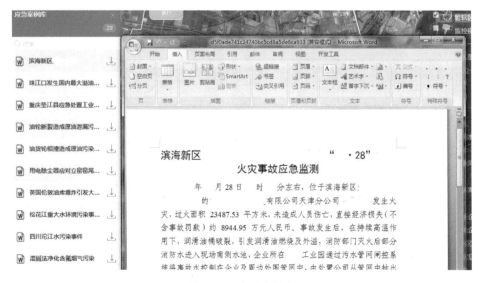

图 2-18　应急案例库

2.3.6 平台应用于水污染事故应急响应应处置的具体操作流程

2.3.6.1 事故/事件建立

选择"监测预警应急管理系统"—突发事故—添加事故并命名，根据接警信息填写污染点信息、经纬度、地址等，点击"上传"，系统自动划定影响范围。再选择"事故性质"为水，点击"上传"。如现场勘察人员反馈事故级别较低，已得到有效控制，可点击"关闭事故"，生成报告并归档。

2.3.6.2 调取平台数据库信息

点击"监测预警应急管理系统"菜单，选择相关数据库获取事故应急相关信息，如敏感源库、专家库、风险源库等。点击"企业360"，查询事故发生地周边企业及可能的污染因子（如剧毒化学品、易燃易爆化学品）。通过平台查询发生事故企业的基础信息及应急预案、存储化学品种类、数量及储存位置，初步判断污染源种类。点击"化学品库"查询污染物理化性质等信息。点击后各数据库图层均可在GIS上直观显示，可初步确认水污染事故位置、范围、来源等信息。

应急指挥中心通过水污染事故信息，在平台左侧菜单点击"应急专家库"，通过专家专业进行搜索，第一时间筛选出符合本次事故处置需求的相关专家及联系方式，第一时间联系专家本人，并成立应急专家小组。

2.3.6.3 初期预警级别判定

选择监测项目、监测方法，输入监测点地址、源浓度值、选择单位用于污染物扩散模拟预测（图2-19）。

选择"扩散模拟模式"，填入参数 Q_m、河流流速、污染开始时间、污染持续时间、模拟时间，点击"模拟"。同时结合中国环境科学研究院嵌入的预警平台，填写警源指标、警兆指标进行警情评估和分级，按照水污染事故警情分级标准进行事故级别初步判定。

当突发水污染事故影响到其他企业和周边居民时，应报上级管理部门决策。

图 2-19　水污染事故模拟

2.3.6.4　监测方案制定

指挥人员根据污染物模拟扩散趋势进行监测布点，并制定应急监测方案。点击右下方"布点/方案"，根据监测技术规范、扩散结果和周边污染源、风险源、敏感受体分布情况，在 GIS 图上选择位置点击即可布点，完成布点后点击"布点结束"。平台左侧显示布点信息对话框，在计划名称中填写监测点位名称，明确现场监测样品预处理要求，选择现场监测人员、仪器设备，点击"任务"，选择检测项目，保存并生成应急监测方案，现场人员分配到岗。

2.3.6.5　现场监测

根据布点方案，应急人员打开手机移动端，根据手机端 GIS 地图显示的数据异常点点位，导航到该位置，按照应急监测方案开展现场监测工作，上报监测数据，并对事故现场处置情况进行反馈。

平台端与应急监测车辆 GPS 定位器相连，可以在 GIS 地图上实时显示应急监测车辆位置信息，了解现场监测人员实时动向。

2.3.6.6　应急物资设备调度

在对事故发生地完成精确定位后，平台 GIS 地图上可以显示在事故发生地一定半径范围内的应急物资信息。手机端和电脑端均可通过平台"应急设备库""应急物资库"设备名称查询应急监测设备信息、应急处置设备及物资库信息，便于应急物资调度，保障应急处置工作顺利开展。

2.3.6.7　在线监控数据辅助分析

点击"环境综合分析系统"—地表水或在 GIS 图右下方勾选"地表水"可调取事故周边地表水断面在线监控数据；点击"污染源监测预警系统"—污染源在线数据或在 GIS 图右下方勾选"企业 360"可调取事故点位及周边污染源在线监控数据用于辅助决策。

2.3.6.8　筛选实验室分析人员开展测试分析

点击"监测预警应急管理系统"—应急监测人员库可筛选实验室中具有污染物检测资质的分析人员，点击"监测方法库"可查询相关监测方法。平台派发监测任务后，实验室人员开展测试分析，数据处理汇总上报等工作。应急指挥中心依据现场反馈信息、实验室监测结果不断对监测方案、事故级别进行研判、调整。

2.3.6.9　提出应急处置方案建议

基于平台数据库相关信息，点击"监测预警应急管理系统"—应急处置方法库、应急案例库，根据污染物理化性质、平台扩散模拟结果及周边敏感受体分布等因素，结合专家意见从危险化学品的性质、防护、无害化处理、污染控制等方面向有关部门提出应急处置建议。平台可协助参数确定等工作；指挥中心可对水污染事故应急处置过程中的有关事宜提出行政管理要求。

2.3.6.10　应急终止

根据应急响应处置及监测结果，参照《国家突发环境事件应急预案》（国办函〔2014〕119 号）中规定的应急终止条件，如污染源的泄漏或释放已降至规定限值以内、事件现场得到控制、事件所造成的危害被彻底消除且无继发可能等，经现场指挥中心确认终止时机，专家讨论、评估应急事故及处置效果，由指挥中心征求相关管理部门意见下达应急终止命令。在突发事故界面下点击"生成报告"，可直接生成 Word 或 PDF 文档，也可下载查看。

2.3.6.11　跟踪监测

根据《突发环境事故应急监测技术规范》（HJ 589—2010）的要求，确定跟踪时间与监测频次，指挥中心组织各参与单位和专家对事故进行调查和取证，开展事故原因分析、事故责任调查评估，并形成调查报告，经管理部门批准，向上级有关部门报告。事故报告归档并存入数据库中。

2.4　突发水污染事故应急处置方法

2.4.1　处置原则

2.4.1.1　以人为本

应急处置初期要以保障人民群众的生命财产安全作为第一要义，这也是整个突发污染事故处置工作的基本原则，是进行污染事故初期处置方案确立和实施的前提。

2.4.1.2　控制源强

应急处置过程中，在确保人民群众生命财产安全的基础上，应尽量采取一切有效措施，削减污染源的源强，这对于减少污染物对外传播，防止污染事态扩大，进行后期污染治理至关重要。

2.4.1.3　阻断途径

只有有效地阻断传播途径，才能防止污染物进一步扩散，减少受污染的区域，控制污染范围，减少污染损失。

2.4.1.4　处置科学

水污染事故发生后，根据污染物特性，结合受污染区域状况选择科学有效的处置方法去除污染，消除隐患。

2.4.2 事故源处置方法

2.4.2.1 强行止漏法

当发生污染物泄漏时，必须采取措施止住泄漏源的泄漏，对于具有阀门的泄漏源要立刻关闭阀门，没有阀门的泄漏源要及时将泄漏源控制住。

2.4.2.2 强行疏散法

事故发生后，控制污染源头的同时要进行人员和物资疏散。若事故可能导致燃烧或产生有毒有害气体，需将不燃、不泄漏的物品和容器隔离污染区域，建立安全隔离带，防止危害进一步扩大。

2.4.2.3 强行窒息吸附法

事故引发燃烧和有毒物质的产生后，要即刻熄灭燃烧火焰，同时对泄漏的物质进行吸附处理，待污染情况得到控制后，再将没有受到破坏的物品疏散转移。

2.4.3 事故初期处置方法

2.4.3.1 封堵口门

对于液态的污染物，应及时将污染物流经的水体可封堵的口门进行封堵处理，防止液态污染物进一步扩散。

2.4.3.2 覆盖

对于少量化学泄漏污染及可能在空气中发生化学反应的水污染事故，可采用合适的材料对受污染区域覆盖，防止污染进一步扩散。

2.4.3.3 化学药剂处理

对于易分解的液态污染物事故，采用化学药剂进行喷淋降解处理，可有效地减少污染物对外扩散浓度和污染面积。

目前应用比较广泛的一些处置方法见表 2-2。

表 2-2　突发水污染事故应急处置方法

方　法	主要作用机理	优　点	应　用
口门封堵工程应急调度	主要是对河库闸坝等水利工程的调度，通过排、截、冲、拦等措施对污染物进行稀释、冲污或者拦截	多是事故发生后首先采用的方法，能在短期内降低污染物浓度或限制污染范围	广泛应用于突发水污染事故的应急中，如龙江镉污染、松花江硝基苯污染等
吸附拦截法	通过内填吸附材料（如 PAC 等）的吸附设施或表层阻拦带等，吸附拦截水中的污染物	吸附法处理效果较好，将污染物从水相中快速移除，其原理简单、适用性强、操作方便	2013 年山西长治苯胺泄漏事故，河道内修筑焦炭坝吸附污染物
絮凝沉淀法	通过投加以 PACl 为代表的絮凝剂，对污染物进行絮凝沉淀以达到去除污染物目的	具有投资少、方法简便易行、处理效果好、成本低廉等优点，在应急实践中具有重要作用	2012 年的龙江镉污染
催化氧化法	采用高锰酸钾或者双氧水等强氧化剂对具有不同特性的污染物进行氧化	对于有机污染物、高毒危险品或生物类污染物，能快速降低污染物的毒性	多应用于水厂的应急净水工艺流程之中
生物降解法	通过微生物对污染物的吞噬，经过新陈代谢等作用将之分解转化	能有效去除焦化废水中的酚氰类物质，以及石油等有机污染物	

2.4.4　常见污染物处置方法

2.4.4.1　重金属类

代表物质主要有汞及汞盐、铅盐、镉盐类、铬盐等。发生重金属污染事故后，应急处置时首先考虑围隔污染区，将污染区水抽至安全地区处理；也可在污染区投加生石灰或碳酸钠沉淀重金属离子，排干上清液后将底质按规范要求无害化处置。其中汞泄漏后，应急人员应佩戴防护用具，尽量将泄漏汞收集到安全地方处理，无法收集的现场用硫黄粉覆盖无害化处理。

2.4.4.2 氰化物

氰化物固态易潮解，易溶于水，气态易挥发，均有剧毒，应急处置过程中，相关人员须佩戴全身防护用具，要对污染区进行围隔，在污染区加过量次氯酸钠或漂白粉处置，一般 24 h 可氧化完全。

2.4.4.3 氟化物

代表物质主要为氟化钠、氢氟酸等，该类物质易溶于水，高毒，并且容易在酸性环境中挥发，在自然环境中容易和金属离子形成络合物而降低毒性。应急处置人员须佩戴全身防护用具，围隔污染区。在污染水体中加入过量生石灰沉淀氟离子，并投加明矾加快沉淀速度。沉淀完全后将上清液排放，铲除底质，按规范要求无害化处置。

2.4.4.4 金属酸酐

代表物质有砒霜（三氧化二砷）和铬酸酐（三氧化铬）。该类物质可溶于水，毒性高，能在动物体内富集，造成二次中毒。应急处置时首先围隔污染区，投放石灰和明矾沉淀，沉淀完全后将上清液转移到安全地区，用草酸钠还原后排放。清除底泥中的沉淀物，用水泥固化后深埋。

2.4.4.5 苯类化合物

代表物质有苯、甲苯、乙苯、二甲苯、苯乙烯、硝基苯等。该类物质易挥发，扩散速度快，毒性强。应急处置人员应佩戴全身防护用具，筑坝或用拦污索围隔污染区，注意防火。污染区用秸秆、高吸油材料等现场吸附，转移到安全地区焚烧处理。污染水体最终用活性炭吸附处理。

2.4.4.6 卤代烃

代表物质有氯乙烯、四氯化碳、三氯甲烷、氯苯等。该类物质易挥发，遇水稳定，对人体和水体均可造成持久危害。处置此类污染物时应急人员应佩戴全身防护用具，筑坝围隔污染区，污染水体抽至安全地区活性炭吸附处理。用黏土、秸秆、高吸油材料等现场吸附积水中的污染物，彻底清除后送至指定地点处置。

2.4.4.7 酚类

代表物质有苯酚、间甲酚、对硝基苯酚、氯苯酚、三氯酚、五氯酚等。该类物质对人体和水体均有极大危害。应急处置人员应佩戴全身防护用具。围隔污染区后，用黏土、高吸油材料、秸秆等现场吸附残留泄漏物，并进行无害化处理。污染水体投加生石灰、漂白粉沉淀和促进降解，最后投加活性炭吸附处理。

2.4.4.8　农药类

在用的农药包括有机磷农药、氨基甲酸酯农药、拟除虫菊酯类农药等。该类污染事故发生较为普遍且危害极大。在处置农药类水污染事故时，应急人员应佩戴全身防护用具。围隔污染区，用黏土、高吸油材料或秸秆混合吸收未溶的农药，收集到安全场所用碱性溶液无害化处理。对污染区用生石灰或漂白粉处置，破坏农药的致毒基团，达到解毒的目的，最后用活性炭进行吸附处理。

2.4.4.9　腐蚀性物质

主要包括酸性物质、碱性物质和强氧化性物质。

酸性物质有酸性烟雾挥发，遇某些金属可产生氢气，易引发爆炸，溶于水时产生大量热量，进入水体后将引起水体酸度急剧上升，严重腐蚀水工建筑物，破坏水生态系统，应急人员戴防护手套，处置挥发性酸时戴防毒面具，污染区投加碱性物质（生石灰、碳酸钠等）中和。

碱性物质易潮解，易溶于水，遇水激烈反应，部分释放易燃气体，进入水体会引起水体呈强碱性，腐蚀水工建筑物，破坏水生态系统，应急人员应戴防护手套，在污染区投加酸性物质（如稀盐酸、稀硫酸等）中和处理。

强氧化性物质有次氯酸钠、硝酸钾、重铬酸钾和高锰酸钾等。该类物质一般易溶于水，具有强氧化性，腐蚀水工建筑物中的金属构件，重铬酸钾还能引起环境中铬类污染物的富集。应急人员需戴防护手套，干态污染物应避免和有机物、金属粉末、易燃物等接触，以免发生爆炸。进入水体后可投加草酸钠还原。

2.4.4.10　矿物油类

代表物质有汽油、煤油、柴油、机油、煤焦油、原油等。该类物质易燃烧，扩散速度快，易在水面形成污染带，隔绝水气界面，造成水体缺氧。煤焦油沉在水底缓慢溶解，对水体造成长久危害，并具有腐蚀性。应急处置时应尽可能用简易坝、拦污索等围隔污染区，用黏土、秸秆、高吸油材料等现场吸附，进行无害化处理。必要时可点燃表层油燃烧处理，污染水体最后用活性炭吸附处理。煤焦油由于其中含有大量的酚类物质，其处置过程可参考酚类物质。

除上述常见的十类化学品外，各类病毒、细菌造成的水体污染均可投加漂白粉、生石灰等消毒处置。

2.4.5 滨海工业带水污染事故典型废水应急处置方法

滨海工业带石油化工产业集聚，装备制造业、生物医药、港口物流业发达，环境风险较高，典型水污染事故废水类型多以重金属废水、难降解有机废水、含油废水三类为主，具有危害严重性、处理艰巨性及影响长期性的特点。研究这三类废水的应急处置方法对滨海工业带突发水污染事故快速应急响应处置具有一定的普遍意义及现实意义。

2.4.5.1 滨海工业带重金属废水应急处置方法推介

（1）氧化还原法

该方法主要用于处理废水中的镉、六价铬、汞等重金属离子。常用的还原剂有亚硫酸氢钠、硫代硫酸钠、硫酸亚铁等，在含铬废水中按一定比例投入硫酸亚铁或硫酸氢钠等还原剂，将废水中六价铬离子还原成三价铬离子，酸化还原的 pH 为 2～3；然后投加碱剂，如石灰、氢氧化钠等，调节 pH 为 7.5～9.0，使三价铬形成氢氧化铬沉淀去除。另外，铁屑等金属也可作为还原剂处理含六价铬、汞的废水等，但产生的污泥较多，需进一步无害化处理。

（2）电解处理法

该方法是指使废水中重金属离子通过电解过程在阳阴两极上分别发生氧化和还原反应使重金属富集，从而使含重金属的废水得到处理。该方法工艺成熟，占地面积小，但耗电量大，废水处理量小。该方法仅适用于处理浓度较高、水量较小的工业废水，对于水量很大的废水并不一定适用。

（3）中和沉淀法

该方法为投加碱中和剂，使废水中重金属离子形成较小的氢氧化物或碳酸盐沉淀而去除，特点是在去除重金属的同时，能中和各种酸及其混合液。碱石灰（CaO）、消石灰［Ca(OH)$_2$］、白云石等石灰类中和剂，价格低廉，可以去除汞以外的重金属离子，工艺简单，处理成本低。沉渣脱水性能好，但反应速度较慢，沉渣量大，出水硬度高，pH 变化大，需分段沉淀。

（4）吸附法

该方法是吸附剂活性表面对重金属离子的吸引。吸附剂种类很多，最常用的是活性炭。活性炭可以同时吸附多种重金属阳离子，吸附容量大，对阳离子也具有较强还原作用，但价贵，使用寿命短，若再生，操作费用高。我国利用丰富的硅藻土资源研究出处理效果较好的吸附剂，也有利用褐煤、草炭、风化煤作为重金属离子吸附剂的，沸石、膨润土、壳聚糖、稻壳等也逐渐被用于制作重金属吸附剂。

（5）混凝法

该反应是将废水中加入混凝剂，产生电性相反的电荷，根据异性电荷相互吸引的原理，使废水中的胶体失去稳定性，废水中的悬浮物凝聚成絮状颗粒物沉降下来。常用的絮凝剂是铝盐和铁盐。铝盐主要有硫酸铝［Al$_2$(SO$_4$)$_3$］、聚合氯化铝、明矾等，铁盐主要有聚合硫酸铁（PFS）、三氯化铁（FeCl$_3$）等。近年来高分子混凝剂研发进展较快，种类繁多，应用较广的如聚丙烯酰胺、壳聚糖及其衍生物等。

（6）离子交换法

该方法是重金属离子与离子交换树脂发生离子交换的过程，树脂性能对重金属去除有较大影响。常用的离子交换树脂有阳离子交换树脂、阴离子交换树脂、螯合树脂和腐植酸树脂等。离子交换法是一种重要的电镀废水治理方法。处理容量大，出水水质好，可回收水和重金属资源，对环境无二次污染，但树脂易受污染或氧化失效，再生频繁，操作费用高，不适用于大量废水处理。

（7）膜分离法

该方法是利用一种特殊的半透膜将溶液隔开，使溶液中的某种溶质或溶剂水渗透出来，从而达到分离溶质的目的。根据膜的不同种类及不同的推动力可分为扩散渗析、电渗析、反渗透和超滤等方法。膜分离法能量转化效率高，常温进行，与常规水处理方法相比具有占地面积小、适用范围广、处理效率高等特点，且不加化学试剂，不会造成二次污染，但不易降解。膜分离法仅适用于处理浓度较高、水量较小的工业废水，而对于水量很大的废水较不适合。

2.4.5.2 滨海工业带难降解有机废水应急处置方法推介

（1）高锰酸钾氧化法

高锰酸钾具有强氧化性，常被用作消毒剂、除臭剂和水质净化剂。在处理实际废水时，高锰酸钾可以将废水中的部分低分子、低沸点有机物降解去除。另外，高锰酸钾在发生氧化作用时，生成二氧化锰，可以破坏有机物对胶体颗粒的保护，促进脱稳，产生助凝效果。同时，二氧化锰与某些有机物（如蛋白质）结合而形成盐类复合物，促进废水中有机物的去除。

（2）次氯酸钠氧化法

次氯酸钠无论是在酸性环境还是在碱性环境中，都是一种非常强的氧化剂，可以使有机物褪色，破坏细菌和藻类的细胞膜内酶系统使其失活，具有氧化、杀菌、消毒的作用，是一种具有优势的消毒剂。次氯酸钠可以作为氧化剂有效地去除水体中的多种有机污染物，并且最终将其完全矿化为水和二氧化碳。

（3）芬顿氧化法

该方法是利于 H_2O_2 与 Fe^{2+} 组成的混合溶液中产生的羟基自由基，能迅速氧化其他有机物。在 Fenton 法中，影响氧化效果的主要因素有：H_2O_2 与 Fe^{2+} 的比值、H_2O_2 投加量、pH 和反应时间等。Fenton 氧化去除水中有机物有氧化和混凝作用。Fenton 氧化法具有药剂来源广泛、使用方便、氧化性能强的特点。

（4）过碳酸钠氧化

过碳酸钠（SPC）是一种由碳酸钠和过氧化氢以氢键形成的复合物，又称固体形式的双氧水，无味、无毒，在水溶液中易水解生成碳酸钠与 H_2O_2，能提高水中的 pH，降低硬水中钙、镁离子浓度，使水软化，并且对环境无害，它的稳定性差，遇水、遇热以及与重金属、重金属盐、有机物等接触混合易分解。

（5）过氧化钙氧化

过氧化钙（CaO$_2$）是重要的无机金属过氧化物，安全无毒，可缓慢释氧，其用途广泛，可用作杀菌剂、防腐剂、保鲜剂、消毒剂、漂白剂、发酵剂等。由于过氧化氢在常温下极易分解，传统过氧化钙的制备都是在低温下进行的。通过添加稳定剂，可以抑制过氧化氢分解，实现过氧化钙的常温水相合成，再加入分散剂可使 Ca(OH)$_2$ 表面更光滑、不易聚集、颗粒细、应用处理效果更好。采用过氧化钙处理印染废水，COD 和色度去除效果良好。

（6）活性炭吸附法

该方法可经济有效地去除臭味、色度、氯化有机物、农药、放射性污染及其他人工合成有机物，是去除水中致突变物质的有效手段，它可降低水中总有机碳和三氯甲烷的指标。粉末活性炭在处理有机物含量较高的污染源时，效果较好。

（7）气浮法

该方法是设法在水中通入或产生大量的微细气泡，使其黏附于杂质絮粒上，造成整体比重小于水的状态，并依靠浮力使其上浮于水面，从而获得固、液分离的一种净水方法。一般常用压力溶气气浮法（DAF）。

2.4.5.3 滨海工业带含油废水应急处置方法推介

（1）重力分离法

该方法是利用油和水的密度差及油和水的不相溶性，在静止或流动状态下实现水珠、悬浮物与油分离。该方法是一种传统的实现油水分离的物理方法。对游离水有效，脱除乳化水的效果取决于油品的破乳化性能，不能脱除溶解性的油或水。

（2）化学分离法

该方法是通过向油水乳状液中加入能够破坏稳定乳状液的化学剂（破乳化剂），以打破油滴在水相中或水滴在油相中稳定悬浮的状态，实现油滴或水滴的快速聚结最终完成油水分离的方法。破乳化剂的破乳化性能主要取决于两个方面：一是亲水亲油性；二是破坏界面膜的能力。

（3）膜分离法

若油水体系中的油是以浮油和分散油为主，则一般选择孔径在 10～100 μm 的微孔膜；而水体中的油是因有表面活性剂等使油滴乳化成稳定的乳化油和溶解油，需采用亲水或亲油的超滤膜分离。用于处理含油废水的膜过程主要有微滤（MF）、超滤（UF）、纳滤（NF）、反渗透（RO），其中超滤应用最为广泛。

（4）聚结分离法

该方法也称为粗粒化分离法，是通过某种或者几种复合的方法将互不相溶流体体系中分散相颗粒由小变大的过程，通常为聚结及相应分离过程的总称。重力场聚结与电场聚结是应用于油水分离中的主要聚结分离技术。

2.5 水污染事故应急处置后期工作

2.5.1 事故评估

事故评估主要包括两个方面：一是要针对水污染事故和相关污染事故的发生查明发生原因，杜绝隐患；二是对事故应急响应及处置过程进行总结，客观分析和评价相关部门在事故发生前的预警、事故发生后的响应、应急救援以及应急处置措施是否得当，并编制事故环境影响评价报告。利用评估结果完善平台建设和相应企业应急预案，提高应急能力水平，以便更加有效地应对污染事故。

按照要求持续跟踪监测，根据《突发环境事件应急监测技术规范》（HJ 589—2010）的要求，确定跟踪监测时间与频次，对是否消除事故影响进行评估，形成最终报告，报上级领导部门后存档，同时存入平台案例中。

2.5.2 后期工作

应急终止后，主管部门组织制定追责、处罚、补助、补偿、抚慰、抚恤、安置和环境恢复等后期工作方案并组织实施。

2.6　运行维护保障和功能升级

2.6.1　平台系统日常管理维护

　　系统管理员按照权限设定对平台系统进行硬件、软件维护和管理，并定期备份；根据技术发展和业务需求，对系统功能模块进行兼容和扩展；发生故障时负责恢复系统等。平台维护管理主要内容见表2-3。

表 2-3　平台维护管理内容

类别	维护内容
硬件	系统总体维护监管；计算机、服务器及其网络系统的配置、运转、诊断和维护；外围设备运转、诊断和维护
数据维护管理	包含：数据权限设置、数据备份管理。定期开展平台巡检和数据库备份，检查数据库结构、初始化参数、主要配置文件、数据库空间使用情况等，进行错误日志分析，必要时进行数据迁移；随着基础统计数据量和应用访问量的增大，可加入多台数据库服务器进行分布式应用；针对数据库服务器和数据库系统定期开展性能监测；对不同的数据库应根据数据重要性、访问周期时段、数据量大小选择不同的备份策略
数据更新管理	包括对数据库的创建、修改、删除、加载或卸载等；对数据表的创建、修改、删除等；对视图的创建和数据维护等
软件	合同管理：可查看或者通过关键字搜索查看运维合同，包括合同的甲方、合同有效日期、相对应的运维团队及运维科目等详细内容
	人员管理：可新增、查看、修改、删除运维人员信息
	运维单位管理：可新增、查看、修改、删除运维单位信息，同时可查看运维内容
	设备管理：可新增、查看、修改、删除运维设备信息，或者通过站点名称，设备所属单位，快速查询设备信息
	项目管理：可新增、修改、删除运维项目；可通过搜索快速锁定运维项目，点击可查看详细的运维项目内容明细

类别	维护内容
软件	任务管理：PC 端按运维周期，指定并通知相关负责人进行定期维护，运维周期、处理状态、时间等条件可进行筛选，运维内容以勾选或录入的方式完成，并保存，有拍照的可上传至系统
	报告管理：可通过运维单位名称、报告周期（月报或年报）、时间等组合方式，进行筛选查询，查询结果可以以 Excel 的形式导出
	评价管理：有评价权限运维管理人员，可对运维人员的工作内容，进行等级评价，还可输入评价内容。可根据关键字搜索或选定时间段，快速锁定要评价的任务，进行评价
现场应急设备物资库	PC 端和移动端均可对应急监测设备和人员进行查询和管理
应急监测人员系统管理	收录人员专业特长、培训演练记录、值班周期等，并可进行删减
监测设备动态管理	收录应急防护设备、应急监测设备、应急处置设备、应急监测车、采样船等信息，可进行增删

2.6.2 平台运行安全管理维护

平台使用人员通过身份认证和访问控制，实现授权访问。平台可实时进行安全审计保障系统结构安全，同时具备稳定的数据安全管理、数据恢复和应急响应等功能。

2.6.3 功能升级

结合平台实际运行情况和应急管理相关政策规定调整，可对平台占用资源、运行效率、软件配置、操作友好性及现有使用功能进行优化和升级。可根据平台巡检、应用服务器和数据库服务器的运行情况、用户调查反馈及硬件寿命对平台部分固件进行迭代升级，不断减少终端用户访问的响应时间，优化平台系统整体性能，更好地为水污染事故应急响应、处置和决策服务。

第3章

案例应用

为充分发挥平台的综合示范作用，本章以某企业硫酸储罐泄漏事故作为具体案例展现平台在水污染事故应急响应处置过程中的实际应用效果以及为应急指挥决策提供的技术支持，从而验证平台的优越性。

3.1　案例背景

模拟事故企业——某硫酸生产企业坐落于天津市滨海新区某石化园区，该公司主要以硫黄为原料，采用燃烧法制备生产硫酸，主要生产工业硫酸及硫酸制品。

3.2　情景模拟

2019年某月某日上午8时58分，该企业厂区内1号硫酸储罐因截止阀门问题出现泄漏，酸液进入厂区污水排放管网。

3.2.1　平台预警接警

9时6分，滨海工业带水污染事故应急处置平台弹出报警提示，显示该企业废水在线监控 pH 超出预警值且数值持续异常，排放总口 pH＜3，呈酸性，预测出现突发水污染事故。平台监控人员立即将情况报送上级主管部门，监测部门派出首批应急人员携带基础监测设备和基础防护装备乘坐应急监测车赶赴现场。现场应急人员通过移动端 App 和应急监测车电脑端平台与指挥部实时通信，如图 3-1～图 3-5 所示。

图 3-1　平台报警

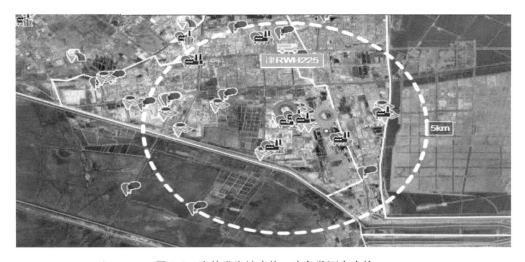

图 3-2　事故发生地定位、应急监测车定位

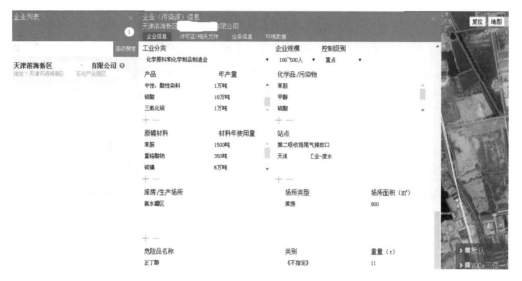

图 3-3　模拟事故企业基本信息查询

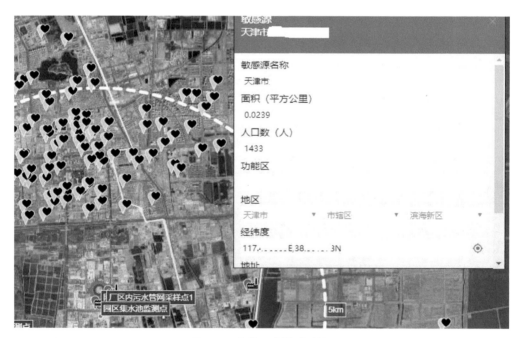

图 3-4　事故周边敏感受体

5公里内化学品可能来源 ✕

异丙基环己烷	中国石油集团司	分公司	有限公司
甲醇	天津滨海新区		有限公司
1,2-二氯乙烷	天津滨海新区天限公司		有
苯胺	天津滨海新区		有限公司
二氧化硫	天津滨海新区		有限公司
醋酸	天津滨海新区		有限公司
	天津滨海新区限公司		处理有
硫酸	天津滨海新区		有限公司
	天津滨海新区天津限公司		与
乙腈	天津滨海新区天津限公司		有
盐酸	天津滨海新区限公司		有

图 3-5　事故周边污染源

3.2.2　应急响应

9 时 16 分第一批应急人员到达现场迅速通过平台上报事故情况,该公司在线监控人员已发现 pH 超标问题并上报安环部,厂区工作人员查明 1 号硫酸储罐因截止阀门问题出现泄漏,酸液进入厂区污水排放管网,硫酸泄漏量约为 3 t。企业关闭该厂进入园区污水处理厂管路,但因闸门故障未能截断泄漏硫酸,酸液进入园区污水泵站泵前池。该企业已将事故基本情况上报园区环保部门及滨海新区环境管理部门,同时立即启动环境应急预案。

3.2.2.1 警情判定

利用平台查看企业基本情况、风险源及周边敏感受体信息（图 3-3 至图 3-5），距离企业较近的敏感受体分别是东北侧 1.5 km 的某医院、东侧 2.5 km 的某水厂，因事故废水不外排至外环境，故不需采取截挡处置工程措施。结合现场情况，通过平台预警功能初步判定警情级别为轻警，同时成立临时应急指挥中心。

3.2.2.2 应急监测方案生成

指挥中心通过平台专家库查找化学品泄漏事故应急处置专长的专家，成立专家小组；通过"化学品库"查看污染物硫酸的理化性质和防护要求；通过"应急监测人员库"查找筛选第二批应急监测人员（图 3-6）；通过"应急设备库"查询现场监测仪器设备（图 3-7）。由平台查询 GIS 地图，结合了解情况可知该园区污水处理后排至荒地河，经荒地河入海排放口进入渤海湾；按照平台操作流程、根据周边地表水及污水处理厂排放路径分布，对厂区周边城市排水明渠、园区雨水管网、园区泵站闸外、荒地河泵站泵前池、荒地河排海口各布设 1～2 个监测点位（图 3-8），生成应急监测方案派发应急任务；通知实验室持证分析人员就位。同时平台进行事故污染模拟。

图 3-6 应急监测人员库

图 3-7 查找应急监测设备

图 3-8 应急监测布点

3.2.2.3 现场勘察采样

现场监测人员携带好防护用具和相应监测设备驾乘应急监测车辆,按照平台导航路线前往厂区现场勘察采样。现场监测人员通过手机 App 与平台端实时互联。

3.2.3 应急处置

根据现场和平台反馈信息，指挥中心了解到企业所在工业园区内设有污水处理厂及事故水收集水池，收集水池溶剂 2 万 m³。9 时 17 分，指挥中心告知园区管理部门关闭园区泵站闸门，将污水引入集水池，由园区通知内部其他企业暂时限制污水排放。通过查看荒地河国控及相关口门地表水自动监控站点数据可知，荒地河相关自动监控点位 pH 均为 8.75，未超标；查看园区污水处理厂数据也未超标（图 3-9～图 3-10），表明事故水未进入外环境，控制在园区范围内。

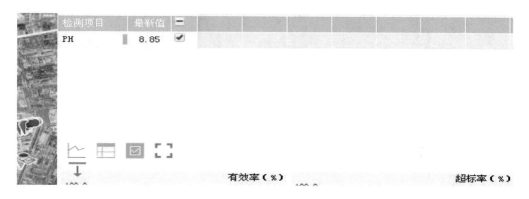

图 3-9　荒地河在线监测数据

图 3-10　园区总排放口平台在线监测界面

9 时 26 分，第二批现场监测人员和应急车辆到达现场，现场监测人员获知污染事故进展并根据平台应急监测方案进行现场监测采样，并将采集样品送回监测中心实验室分析，经测定厂区内 pH 为 2.9，泵前池 pH 为 4.2。根据现场监测人员测定 pH 及单兵设备回传的影音资料，并结合专家意见，进一步判定警情事故级别仍为轻警，为园区级水污染事故（图 3-11）。

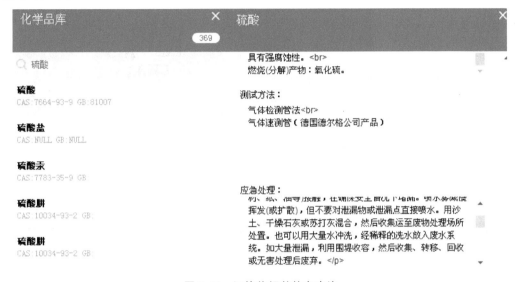

图 3-11 污染物相关信息查询

9 时 47 分，厂区内硫酸罐泄漏得到基本控制。指挥中心结合平台化学品库信息，通过"应急处置方法库"查找腐蚀性化学品应急处置方法。结合专家意见，采用石灰石投放的方法中和酸性废水，辅助提出应急处置建议。

园区应急人员对集水池污水进行应急处置，园区物资库石灰石存量不足。企业通过平台向相关部门请求援助，指挥中心通过平台查找到最近的某化工园区应急物资库石灰石储量充足，并进行调拨。

经过近两个小时的应急事故处理，11 时 10 分，硫酸污染基本清除。集水池 pH 为 8.7，达到相关污水排放标准，同步对污泥按照要求进行无害化处理。平台在线监测数据、企业在线监控数据、实验室监测数据、现场监测数据和园区污水处理厂进水 pH 数据显示均达标时，通知园区可以恢复正常排水（图 3-12～图 3-13）。

原始数据审核
天津 ▨▨▨▨▨-废水

数据类型 时间范围
小时 ▼ 20▨▨ ▨▨ ▨▨ 14:00 ▨ > 20▨▨ ▨▨ ▨▨ 00:00 ▨   筛选 切换视图 全选

☑ 监测项目	单位	20▨▨-▨▨-▨▨ 14:00				18:00			
☑ PH	无量纲	8.7	8.7	8.7	8.7	8.57	8.5	8.4	8.3
☑ 化学需氧量	mg/m3	223	228.7	233.9	246.4	244.2	239	249.3	273
☑ 氨氮	mg/m3	1.19	2.92	3	3.12	0.73	0	0	0
☑ 总磷	ug/m3	2.661	3.894	3.978	4.4	4.337	4.036	4.047	4.0
☑ 总氮	ug/m3	40.18	46.81	46.67	46.41	46.62	47.03	47.19	47.

图 3-12　模拟事故企业在线监测数据

在线数据　　　×　　**原始数据审核**
　　　　　 105 　　　　**总排口**

			数据类型 时间范围
园区污水处理厂	废水		小时 ▼ 20▨▨ ▨▨ ▨▨ 0:00:00 ▨ > 20▨▨ ▨▨ ▨▨ 12:47 ▨ 筛选 切换视图 全选
园区污水处理厂	废水		
总排口			
▨供水公司			
▨▨水公司	废水		
总排放口			
▨（天津）有限公司	废水		
总排放口			
▨（天津）有限公司			

☑ 监测项目	单位	20▨▨-▨▨-▨▨ 00:00				04:00		
☑ 总磷		0.141	0.139	0.138	0.135	0.134	0.132	0.132
☑ PH值		7.756	7.781	7.798	7.81	7.808	7.809	7.803
☑ 氨氮		0.445	0.448	0.458	0.468	0.466	0.464	0.472
☑ 总氮		6.483	6.312	6.29	6.194	6.18	6.119	6.202
☑ 化学需氧量(C...		19.037	17.679	17.656	17.591	17.086	15.604	15.975

图 3-13　园区污水处理厂在线监测数据

3.2.4　事故终止

指挥中心要求事故终止后，监测人员每 6 小时对事故水收集池和雨污水总排放口处的废水进行跟踪监测，并通过平台实时关注企业在线监控数据，确定达标后，结合专家意见，宣布应急终止。平台模拟终止，生成应急报告（图 3-14）。

天津 有限公司模拟硫酸罐泄漏

突发性环境污染事故应急监测报告

急[201X-XX-XX]1-X号

报告时间：20 年 月 日 16:56 / 事发后 天10小时51分

20 -0 - 0 :0 :09 左右，位于天津 有限公司发生了一起水事故，事故目前……，现将相关情况初步报告如下：

一、 事故基本情况

20 -0 - 0 :0 :09，当地环保部门接到报告，…… 发生了水事故，当地环保部门立即赶现场进行处置。经初步了解，事故原因是……（具体原因还正在进一步调查过程中），经当地的及时处置，……。

二、 周边环境影响情况

事发地点位于天津 有限公司，地理位置位于117. 933753, 38.8 343。周边（有）饮用水源等重点水环境保护区， 无 居民集聚区等环境敏感点（离最近的居民集聚点大约.. 公里

图 3-14 平台生成报告

3.2.5 指导意义

此次事故情景模拟，为平台突发水污染事故应急处置提供了一次宝贵的实战模拟机会，提高了应急处置效率，检验了平台的实用性和可操作性，为应急指挥中心决策及执行提供了科学依据和技术保障。总结此次模拟的经验教训能够完善应急预案和平台应用功能，并作为案例存入平台案例库中，为今后同类型水污染事故应急响应提供借鉴。

附表 我国现有环境污染事故的应急管理相关政策文件

序号	相关政策	发布单位	发布时间
1	《中华人民共和国环境保护法》	全国人大	1989 年（2014 年修订）
2	《关于切实加强重大环境污染、生态破坏事故和突发事件报告工作的通知》	国家环保总局	2000 年
3	《中华人民共和国道路运输条例》	国务院	2004 年
4	《废弃危险化学品污染环境防治办法》	国家环保总局	2005 年
5	《国务院关于全面加强应急管理工作的意见》（国发〔2006〕24 号）	国务院	2006 年
6	《环境保护行政主管部门突发环境事件信息报告办法（试行）》	国家环保总局	2006 年
7	《水环境污染事件预警与应急预案》	国家环保总局	2006 年
8	《报告环境污染与破坏事故暂行办法》	国家环保总局	2006 年
9	《生产安全事故报告和调查处理条例》	国务院	2007 年
10	《中华人民共和国突发事件应对法》	全国人大	2007 年
11	《国务院办公厅关于转发安全监管总局等部分关于加强企业应急管理工作意见的通知》（国办发〔2007〕13 号）	国务院	2007 年
12	《国务院办公厅关于基层应急管理工作的意见》（国办发〔2007〕52 号）	国务院	2007 年
13	《国务院办公厅关于基层应急队伍建设的意见》（国办发〔2009〕59 号）	国务院	2009 年
14	《关于印发突发事件应急演练指南的通知》（应急办函〔2009〕62 号）	国家安监总局	2009 年
15	《关于印发〈环境应急与事故调查中心工作规则（试行）的通知〉》	环保部	2009 年

序号	相关政策	发布单位	发布时间
16	《关于加强环境应急管理工作指南》	环保部	2009 年
17	《重点流域水环境应急预案》	环保部	2010 年
18	《国务院办公厅关于印发突发公共事件信息报告情况通报办法的通知》	国务院	2010 年
19	《突发环境事件应急预案管理暂行办法》（环发〔2010〕113号）	环保部	2010 年
20	《尾矿库环境应急管理工作指南》	环保部	2010 年
21	《环境保护行政主管部门突发性环境污染事故信息报告办法（试行）》	环保部	2010 年
22	《突发环境事件应急监测技术规范》（HJ 589—2010）	环保部	2010 年
23	《危险化学品安全管理条例》	国务院	2011 年
24	《环境污染事故应急预案编制技术指南》（征求意见稿）	环保部	2011 年
25	《突发环境事件信息报告办法》	环保部	2011 年
26	《突发事件应急预案管理办法》	国务院	2013 年
27	《国家突发环境事件应急预案》	国务院	2014 年
28	《突发环境事件应急管理办法》	环保部	2015 年
29	《国家突发环境事件应急预案》	国务院	2015 年
30	《企业突发环境事件隐患排查和治理工作指南（试行）》	环保部	2016 年
31	《油气管道突发环境事件应急预案编制指南》	环保部	2017 年
32	《危险化学品重大危险源辨识》（GB 18218—2018）	生态环境部	2018 年
33	《企业突发环境事件风险分级方法》（HJ 941—2018）	生态环境部	2018 年
34	《环境应急资源调查指南（试行）》	生态环境部	2019 年